建筑设计及其理论研究丛书

当代俄罗斯建筑创作发展研究

（1991—2010）

谢 略 著

中国建筑工业出版社

图书在版编目（CIP）数据

当代俄罗斯建筑创作发展研究：1991—2010 / 谢略著. — 北京：中国建筑工业出版社，2018.9
（建筑设计及其理论研究丛书）
ISBN 978–7–112–21994–0

Ⅰ. ① 当… Ⅱ. ① 谢… Ⅲ. ① 建 筑 设 计 — 研究 — 俄罗斯 — 1991–2010 Ⅳ. ① TU2

中国版本图书馆CIP数据核字（2018）第054956号

责任编辑：徐 冉 张 明
责任校对：王 瑞

建筑设计及其理论研究丛书
当代俄罗斯建筑创作发展研究（1991—2010）
谢 略 著
*
中国建筑工业出版社出版、发行（北京海淀三里河路9号）
各地新华书店、建筑书店经销
北京点击世代文化传媒有限公司制版
北京建筑工业印刷厂印刷
*
开本：787 × 1092毫米 1/16 印张：11¼ 字数：234千字
2018年10月第一版 2018年10月第一次印刷
定价：58.00元
ISBN 978-7-112-21994-0
（31891）

目 录

第1章　当代俄罗斯建筑创作研究的缘起

俄罗斯曾经在建筑艺术上创造了举世瞩目的辉煌历史，无论是以教堂为代表的独具特色的古典主义建筑，还是以构成主义为代表的苏俄前卫建筑运动，都是世界建筑的发展历程中不朽的篇章。同时，俄罗斯建筑在特定时期对我国建筑创作的发展也曾经起到至关重要的作用和影响，这种影响遍及工业建筑、城市规划、居住建筑、建筑技术等城市建筑发展的各个方面，苏式或仿苏式建筑在当时的中国遍地开花，影响一直持续了 30 年之久。因此，对苏联建筑的研究曾经作为时代潮流并对我国建筑发展具有重要的意义。改革开放以后，中国建筑的发展迅速转向西方，西方各种建筑理论、潮流蜂拥而至，我国建筑理论界似乎更加无暇顾及当今俄罗斯建筑创作的发展。在百花齐放的世界当代建筑创作领域，俄罗斯建筑创作的发展几乎无人问津。然而，当代俄罗斯建筑创作在社会动荡之中依然艰难发展，并逐渐形成了富有特色的多元化局面。尤其在进入 21 世纪以后，随着社会的稳定、经济的复苏，俄罗斯建筑市场已经逐渐走出困境，在建筑创作的发展中开始了新的探索。近年来，俄罗斯建筑行业更是以当今世界少有的建设量和回报率而受到世界投资者的关注，越来越多的国外投资项目给俄罗斯建筑创作带来了新的变化，这也吸引了国际建筑界的眼光。这个在建筑创作上拥有辉煌历史和丰富创造力的国家，其建筑创作的新发展是不容忽视的。而对于我国建筑发展而言，俄罗斯建筑创作的新发展无疑对研究中国现代建筑史、反思当代中国建筑创作的发展具有重要参考意义。

伴随着世界建筑创作发展的影响与推动，在社会转型的特定历史时期，俄罗斯建筑创作发展无疑呈现出更加复杂与多元的发展趋向。因此，在俄罗斯转型时期，其建筑创作与社会关系、建筑创作与文化传统、建筑创作与技术发展等问题已经成为研究当代俄罗斯建筑创作发展所面临的重要课题。如何在纷繁的创作表象中梳理当代俄罗斯建筑创作的发展趋势，理性地构建当代俄罗斯建筑创作体系，为中国甚至国际建筑师在俄罗斯更好地进行建筑创作实践指引方向，成为本书研究的根源和根本目的。

与此同时，值得我们关注的是，中国伴随着 20 世纪 80 年代的改革开放，同样经历过转型发展阶段。虽然中俄两国的社会转型在背景、手段和方式上存在明显的差异。

俄罗斯的转型发展是以苏联解体为标志，从社会制度的根本变革的形势下发生的，转型发展具有明显的激进性。中国的转型发展是以巩固社会主义制度、实现中华民族崛起的宏伟目标为前提，是从经济体制的改革逐渐推进的，转型发展具有明显的渐进性。但是中俄两国在转型发展时期所面临的问题具有一定的相似性，由此引发的建筑领域的变革也存在着一定的共性特征。因此，研究当代俄罗斯建筑创作的发展对中国当代建筑创作的发展有十分重要的借鉴意义。

目前，我国建筑理论界对于俄罗斯建筑的研究大多关注建筑历史、古典建筑造型及立面、俄罗斯建筑技术法规与技术标准体系的探索，以及经济部门对当代俄罗斯建筑市场、建筑材料市场的研究，而针对当代俄罗斯建筑创作方面的研究寥寥无几。虽然俄罗斯在社会主义后期到苏联解体的一段时期，经济滑坡、政局动荡的确直接导致了建筑业的衰落、建筑技术的落后，甚至于建筑创作水平的后退，但是俄罗斯建筑师一直以来在建筑创作中表现出来的对自然环境的尊重、对人本需求的重视等理念都是值得我们关注和学习的。社会转型的动荡时期，俄罗斯建筑创作在其古典主义创作倾向和地域主义创作倾向方面的成就甚至可以说是世界建筑创作领域中的先锋。因此，对于当代俄罗斯建筑创作体系、建筑创作的发展趋势的研究与探索显得十分必要。

本书在建筑学与城乡规划学科领域的研究中的理论意义在于：（1）在研究梳理1991—2010年这二十年间俄罗斯建筑创作发展背景的基础上，分析研究了当代俄罗斯建筑创作的发展历程和丰富内容，通过批判的总结和理性的反思，从社会维度分析了社会转型与建筑创作发展的深度关联，归纳俄罗斯转型时期建筑创作发展的独特性；（2）建立了当代俄罗斯建筑创作发展的结构性框架，从文化、技术视阈研究了当代俄罗斯建筑创作的整合发展和创新发展，为研究和总结当代俄罗斯建筑创作的经验提供参照，对当今世界建筑体系的构建具有重要意义；（3）立足于当代俄罗斯建筑创作的发展现状，针对新建设的建筑实例及方案创作进行总结归类，梳理出当代俄罗斯建筑创作发展的主流和显现出的未来发展的新趋向，为俄罗斯自身建筑体系的完善提供有益的参考。

本书在建筑学与城乡规划学科领域的研究中的实践意义在于：（1）本书为研究当代俄罗斯建筑创作发展提供了系统的理论支撑，并通过翔实的实例对当代俄罗斯建筑现状及发展动向进行阐释以指导现实操作，因此，具有非常重要的实践意义；（2）从多角度、多层面分析了当代俄罗斯建筑创作发展的独特性，归纳了当代俄罗斯建筑创作的发展主流，对于国际建筑师在俄罗斯进行创作实践具有现实的指导意义，也为中国建筑设计行业进入俄罗斯市场提供了经验；（3）本书在技术视阈下尝试性地分析了当代俄罗斯建筑创作的发展趋势，对当代俄罗斯建筑创作作出了前瞻性的研究与判断，为俄罗斯建筑创作技术的发展与实践提供一些依据。

1.1　世界建筑发展全球化背景

俄罗斯民族是一个有着深厚内涵和古老文明的民族，在上千年的历史积淀中形成了自己独特的民族性格和文化底蕴。尼·别尔嘉耶夫曾经说过："俄罗斯民族是最两极化的民族，它是对立面的融合"。[1]它的建筑艺术也是与众不同的，在发展中常常处于世界文化的十字路口上，博采众家之长，借鉴了众多风格后自成一身。在历史的各个时期它都以优秀的作品和活跃的思想令人瞩目，曾经是世界建筑体系中最重要的组成部分之一。但是在社会主义后期，由于社会的动荡和经济的衰落，俄罗斯建筑创作进入了停滞甚至无序的衰退期，虽然俄罗斯建筑参与了许多重大社会和经济问题的解决，经历了不同风格的更替，但是 1991～2005 年的几乎没有什么建筑创作的理论研究与探讨，在世界建筑领域几乎没有什么可以讨论或者令人瞩目的东西。

20 世纪末和 21 世纪初的信息化、全球化把人类带进了一个崭新的知识经济时代，这个时代是高技术和全球化彼此加强的产物。全球化的自由竞争和全球化的公开市场，促进了人类资源，包括技术、知识和人力资源在全球范围内的合理配置，从而促进了高技术的迅速发展和广泛传播。世界全球化发展带动了艺术、哲学等诸多领域的广泛交流，日渐频繁的国际交流使任何国家都不可能封闭地发展自己，从而促进了世界文化发展的趋同。在全球经济一体化的大背景下，全球建筑业发展也如同其他行业一样加入了一场全球化的洪流之中，任何国家的建筑创作都必然受到世界建筑发展大趋势的影响。因此，"建筑创作如何发展"的问题开始凸显出来，对于任何一个国家而言都显得十分重要。第二十届国际建筑师大会把"全球化和建筑发展的多元化"列为重要的议题之一，对各国建筑创作的发展进行更多的关注和研究。在这样的背景下，当代俄罗斯建筑发展在其社会逐步稳定，经济持续增长的时期，也不可避免地投身全球化的浪潮。先进的技术手段、先锋的艺术倾向以前所未有的惊人速度进入俄罗斯这个拥有深厚文化积淀的国度，并快速的发展、融合、再生，给俄罗斯建筑创作的发展带来了巨大的冲击和改变。1991 年以后的这段时期对于当代俄罗斯建筑创作的发展具有重要意义，在经历了几十年的创作衰落之后，当代俄罗斯建筑创作领域迎来了新的发展时期，从此登上了高速发展的列车。在国际建筑文化和理论的冲击、影响下，这一时期建筑风格呈现出非凡的多样性和超常性，那么作为世界建筑发展体系的一部分，当代俄罗斯建筑创作发展显然具有重要的研究价值。

1.2 俄罗斯建筑市场的繁荣及建筑创作的发展契机

2000 年以来，俄罗斯社会经济的复苏给俄罗斯建筑市场提供了难得的历史机遇，连续几年的经济持续高速发展促使建筑业日见兴旺，成为俄罗斯最有活力的经济部门之一。

建筑市场的繁荣首先表现在建设投资和建设量的持续增长上。据资料显示，2000—2006 年，俄罗斯的建筑工程市场总值增长了大约 3.5 倍。2006 年，建筑行业完成了总额约为 22500 亿卢布的工程项目，比 2005 年增长了 16%，成为 1991—2005 年来俄罗斯建筑行业发展最快的一年[2]。2007 年，建筑业产值比去年同期增长了 18.2%，达到 941 亿欧元，2008 年仅上半年，建筑业产值就高达 489 亿欧元，增长率超过了 22%[3]。其次，随着俄罗斯居民生活水平不断上升，住宅的需求量日益增长，进一步促进了俄罗斯建筑市场的繁荣发展。居民收入的增加和国家实行鼓励居民通过抵押贷款买房的政策，是俄罗斯住宅建筑需求量迅速扩大的主因。最后，随着俄罗斯经济持续稳定增长和国力恢复，商业及工业建设逐步展开。俄罗斯在经济转轨过程中遭到重创的原有建筑部门和企业恢复较慢而带来的建筑市场空白和巨大的市场需求，承办 2012 年符拉迪沃斯托克亚太经合组织领导人非正式会议和 2014 年索契冬奥会所需要的场馆建设等也为俄罗斯建筑市场的发展提供了空前的机遇。俄罗斯建筑创作市场逐步走向前所未有的繁荣，并因其强大的市场需求、国际化的取费标准以及建筑创作的"供不应求"局面而具有强大的吸引力，使俄罗斯建筑市场成为当今世界最受关注的发展地区之一。世界各国逐渐开始关注俄罗斯建筑的发展，并开始进入俄罗斯建筑市场进行创作实践，掀起了俄罗斯建筑创作的国际化运动。由于其建筑创作的发展仍属于刚刚复苏和日渐繁荣的阶段，大规模的建设正在进行，因此，对其建筑创作的各个方面的研究都具有十分重要的现实意义。

同时，我国建筑界也逐渐认识到俄罗斯建筑潜在的研究价值和俄罗斯建筑市场蕴涵的经济价值，并在俄罗斯远东地区的建筑开发与创作方面进行了尝试，积累了一定的经验，但是对于大规模建筑项目的实践仍然刚刚起步，还面临许多问题和创作上的误区。笔者在 2006—2008 年曾先后两次赴俄罗斯进行为期数月的建筑考察与项目实践，虽然感受到了当代俄罗斯建筑创作发展中存在的种种问题与无奈，但是同样看到了在艰难时期仍不乏值得我们学习和借鉴的优秀建筑作品，看到了经济振兴后俄罗斯转型时期建筑创作的新发展。伴随着俄罗斯建筑日新月异的发展，我们显然不能怀抱着过去的认识和对俄罗斯现状的粗浅印象去应对俄罗斯转型时期的建筑创作。因此，如何通过理论研究指导实践探索，就成为一个迫在眉睫的课题，对俄罗斯转型时期的建筑创作进行系统而深入研究，具有十分重要的理论意义与实践指导意义。

1.3　俄罗斯建筑发展对我国建筑发展的重要意义

新中国成立之初就是在苏联社会主义文化的影响下建立与发展自身文化，这是中国现代文化历史中非常独特的现象。社会主义苏联对我国的影响体现在社会发展的各个方面，建筑发展也不例外。一方面，我国从苏联学会了如何进行大规模的城市建设，从城市规划、工业建筑、住宅和居住区设计到建筑工业和建筑管理，都面貌一新。另一方面，国内本土的建筑工作者丢掉自己曾经熟悉的英美体制，丢掉了现代建筑思想和方法而急剧转向苏联，但由于当时对苏联国内艺术背景的模糊认识，导致我国当时建筑理论发展的一时混乱。不可否认的是，苏联建筑从此对中国建筑产生了广泛的影响，这种遍及工业体制、工业建筑、城市规划、居住建筑、建筑技术等的影响一直持续了30 年之久，直到改革开放后。1980 年代改革开放以来，我们开始认真地研究与分析世界建筑的发展，但是大多数的研究面向西方世界，而研究现代苏联建筑的论著则不多见，而且大都是概述性的，研究的兴趣也大都侧重于 1920 年代的苏联前卫建筑和 1980 年代的苏联现代建筑，因为这两个时期都是苏联现代建筑比较繁荣的时期。苏联解体后，俄罗斯建筑的发展一度陷入了衰落，其发展更加无人问津，时至今日，我国对于社会转型后俄罗斯建筑发展的研究仍十分匮乏。

俄罗斯建筑的发展与我国当代建筑的发展具有同源于苏联建筑的发展根基，而且两个国家在当代社会中都经历了转型变化，只是转型的性质与方式不同，由此其建筑创作也形成了不同的发展。俄罗斯转型时期的建筑作为对于给中国建筑带来巨大影响的苏联建筑发展的延续，是在社会体制彻底转变的前提下进行发展，这种发展显然带有与社会变革相适应的突变性特征。而中国建筑虽然受苏联建筑影响，但是其在当代的发展是在社会主义体制不变、经济渐进式改革的前提下发展，建筑创作的发展具有渐进性变化的特征。由此可见，俄罗斯转型时期的建筑发展同中国建筑发展既有紧密的联系，又存在诸多不同，因此，探讨俄罗斯转型时期建筑创作的发展不仅可以帮助我们清晰地分析俄罗斯新建筑发展，同时对深入地研究我国当代建筑创作具有重要的借鉴意义。

1.4　概念界定

本书的题目为"当代俄罗斯建筑创作发展研究"，作为对本书研究内容的解释和说明，有必要对个别词汇进行阐释。同时，在建筑创作及建筑文化方面的用语并不统一，也难以期待这种统一。为避免引起歧义，有必要将本书提及的一些重要的概念和用语进行界定，以便在文中有比较统一的表达。

（1）当代俄罗斯　时间是一个重要的界定，普里戈金认为，"时间不仅仅是我们内部经验的一个基本成分和理解人类历史（无论在个别人，还是在社会的水平上）的关键，而且也是我们认识自然的关键。"[4] 现代哲学越来越倾向于认同这一点：时间本身也是内容，时间直接参与了历史，并且是极其重要的不可忽视的力量。时间的长度隐形地却很神奇地改变着历史。人们甚至发现，时间在改变着人，时间还改变着人对历史的记忆 [5]。因此在对俄罗斯建筑创作的研究中，时间界定的不同会带来研究方法、研究内容甚至是研究结论的明显不同。本书将研究的时间范围界定于"当代"，并特指了是1991—2010 年的时间阶段，由于这段时间是俄罗斯经历重大社会变革以后，其社会、经济、文化等各方面都产生巨大变化的阶段。因此，本书所指的"当代"俄罗斯带有明显的变化性与独特性特点，同时，又必然要带有"当代"认识的特点。总之，这段时期的俄罗斯，既回响着古俄罗斯的文化余音，又承受着来自不同国度的、不同程度的文化影响；既激荡着整个社会的不断变革，又渲染着地方文化的斑斓色彩。

（2）建筑创作　之所以在题目中使用"建筑创作"一词，首先需要指出的是在俄罗斯社会转型后的今天对建筑创作的研究，已经不单是思潮、风格、样式等单方面的分析，创作的含义应涵盖社会政治、经济环境和市场等多方面的影响与制约。其次，目的在于强调建筑设计创作阶段所具有的对建筑项目实践的指导性，以与纯粹的建筑理论研究区分。第三，用"建筑创作"说明本书对于建筑项目（包括已建成和未建成的建筑项目）的分析是侧重在建筑创作阶段，以区分对项目管理、建筑行业管理等方向的混淆，因此在相关章节的论述中主要强调有关建筑创作的要点分析，而对于建筑管理等引发的问题与思考只进行简要概括，点到即止。本书的研究是建立在对当代俄罗斯建筑创作方案的分析总结的基础之上，侧重于通过对当代俄罗斯新建的建筑实例和最新的重要建筑项目创作方案的梳理和分类，从而归纳总结出本书的主要框架。

（3）发展研究　值得说明的是，本书题目中的"发展研究"包含了两个含义：一方面是要对当前俄罗斯建筑创作的复杂表象进行系统整合，分析出支撑当代俄罗斯建筑创作的主流思想；另一方面是将"发展"物化到具体建筑作品中，对俄罗斯近几年新建的优秀实例进行系统分类，从而更清晰地反映俄罗斯建筑创作的实质。如同这个社会的审美标准会被不断颠覆一样，俄罗斯建筑创作也会随着社会的发展和人们观念的更新而无时无刻不在发生变化。这注定了"当代俄罗斯建筑创作发展研究"这一课题必须保持与时俱进的特征和永远未完待续的性质。探索有时会显得模糊不定，但这正是俄罗斯建筑创作的丰富表征，引导我们从更多角度来研究俄罗斯建筑创作的深层意义，进而梳理出清晰的发展脉络。

（4）趋向性　在本书的结构框架的研究中带有一定的"趋向性"，需要说明的是建筑创作的发展本身具有总的倾向性和流行性，表现在某个时期建筑界存在着共同关心的建筑样式或观点，这些样式或观点被人们归纳总结，成为许多人自觉追求的建筑倾向，表现为建筑师在某个时期具有相似性的实践。因此"趋向"性研究体现了本书研究的共时性。从具体的建筑创作来看，趋向性是更加广义上的总结，当今的建筑创作手法具有前所未有的多样性，许多建筑作品都不只体现了某一种风格，而是多种风格手法的混合，这使得在研究中无法严格根据某种建筑理论或风格进行归类和分析，因此本书对建筑实例的研究是根据建筑作品所表现出来的主要风格进行倾向性的归类与研究。例如：在建筑传统观下对古典创作倾向的研究，方向是广义的，并非是严格的指古典主义本身，而是泛指建筑创作中一种关注传统形式的态度，一种缅怀和尊重过去的态度和一种以历史形式为素材的实践模式，试图通过对历史形式的复兴来召回在社会变革期人们失落的意义、情感等，是对一切运用古典建筑样式的创作手法，以及建筑师对传统的借用的统称。旨在对这种建筑创作倾向进行总结分析，并探索其发展的方向。

本章注释

[1]　赵定东."破"与"立"：俄罗斯社会转型的历程与现状 [J]. 东北亚论坛，2005（3）：67

[2]　http://tradeinservices.mofcom.gov.cn/f/2007-11-26/13095.shtml

[3]　http://news.jc001.cn/detail/387684.html

[4]　http://tradeinservices.mofcom.gov.cn/f/2007-11-26/13095.shtml

[5]　郝曙光. 当代中国建筑思潮研究 [D]. 南京：东南大学博士学位论文，2006：2.

第 2 章　当代俄罗斯建筑创作发展概述

2.1　俄罗斯建筑创作的发展历程及主要特征（1991 年以前）

2.1.1　发展历程

2.1.1.1　20 世纪 20、30 年代社会主义的新建筑探求

1917 年，俄国历史上一场史无前例的伟大革命——俄国十月革命爆发了。十月革命的胜利，极大地冲击了俄国旧的社会体系和思想体系，建立了苏维埃政权，从此，苏联作为第一个无产阶级执政的社会主义国家，为人类社会的发展指明了方向[1]。革命胜利后，广大工人和农民表现出对新生活的追求，庆祝胜利，破旧立新的思想充斥着各个领域。与这场伟大的政治革命相伴随，在社会主义新思想的推动与促进下，苏联建筑界也发生了重大变革。从建筑创作的角度来看，在这个新社会初生的年代，建筑发展无疑充满了新与旧的碰撞、传统与创新的交叉。20 世纪 20 ~ 30 年代，苏联翻开了探求社会主义新建筑的篇章，虽然襁褓中的苏维埃还没有条件进行大规模的城市建设，但是这一时期的建筑已经表现出了新的追求，为劳动人民服务成为社会主义新建筑的指导思想和最大特点。在社会主义新生活的要求下，苏联各地兴建了一批工人文化宫、劳动宫、工人新村等具有社会主义特征、为无产阶级服务的新建筑。同时，随着苏维埃政权的巩固发展，各地普遍建造苏维埃宫，用于政府办公、群众性集合、政治教育等活动。在探求社会主义新建筑的过程中，建筑创作从风格上大体上可以分为两个不同的创作派系：一种是传统派，另一种是革新派。

传统派的建筑创作在社会主义新建筑的探求中习惯于运用古典建筑语言、历史样式，并以此为手段表现革命，表达新社会、新制度和人民群众的意志。代表建筑师主要是革命时期知名建筑师，如若乐托夫斯基、福明、舒科等。他们在创作中主张将传统建筑样式塑造得具有现代表现力，并称之为"无产阶级的古典主义"（图 2-1）。随着社会主义要求节俭、强调朴实、反对虚伪和豪华的社会精神的不断升华，1920 年代中期以后，在建筑创作中传统派走向了衰落，并开始寻求富有象征性的和简洁的形象。但是传统审美的潜力却始终影响着苏联这一时期建筑创作的发展，并在这一时期主要的建筑竞赛中展示了其重要的社会影响力。

a）　　　　　　　　　　　　　　b）　　　　　　　　　　　c）

图 2-1　20 世纪 20～30 年代传统派的建筑作品 [2]

a）"莫斯科"旅馆　b）莫斯科苏军剧院　c）"季纳莫"住宅楼

革新派的建筑创作在新建筑的探求中则表现为突破传统的束缚，推崇艺术作品实用化，创作强调抽象的构图、单纯明快的色彩对比，运用金属、玻璃等现代材料组合具有新时代意义的造型空间，以全新的方式来表现社会和时代（图 2-2）。吕富珣先生在《苏俄前卫建筑》一书中评价革新派建筑师们高举锐意创新的大旗以饱满的热情和坚忍不拔的斗争精神，塑造人类历史上第一个社会主义国家的建筑形象——一个崭新的、属于大众的、不再为少数有产阶级服务的建筑形象 [1]。革新派的代表建筑师主要是年轻一代建筑师，如塔特林、马列维奇、李西茨基、维斯宁等，他们受西欧立体派、未来派、表现派等现代艺术的影响，尊重"生产艺术"，提倡简洁的构图模式，主张求新求简、舒适平展、功能与形式统一的创作途径。以构成主义为代表的革新派创立了不同于西方现代主义的、具有鲜明的思想性的苏联前卫建筑，在城市规划、建筑设计、设计思想、创作方法、艺术语言等方面取得了令人瞩目的成就。他们提出了新内容与新形式，促进了建筑科学技术的发展，奠定了苏联建筑类型与工业化、标准化的基础 [3]，在 20 年代到 30 年代的苏联建筑发展中，发挥了重要的作用，同时为世界建筑的发展作出了不可磨灭的贡献。1937 年，第一次全苏建筑师代表大会通过了苏联建筑师协会的创作章程，它规定了苏联建筑创作要坚持"社会主义现实主义"的创作方法，即"在建筑艺术方面，社会主义的现实主义就意味着把下列各点结合在一起，即艺术形象要有明确的思想性，每个建筑物要最完善地适合于对它提出来的技术上、文化上和生活上的要求，同时在建设工作中要尽量节约，并使技术完善"。[1] 社会主义现实主义的创作方法在苏联的确立终止了苏联在"十月革命"前后直至 20 世纪 30 年代的对新建筑的探求。从此，苏联建筑界开始了在"社会主义现实主义"原则指导下千篇一律的建筑创作活动。

图 2-2　20 世纪 20～30 年代革新派的建筑作品

a）梅列尼科夫私邸 [4]　b）第三国际纪念碑设计方案 [5]　c）卢沙科夫工人俱乐部 [4]

2.1.1.2　20 世纪 40～60 年代千篇一律的建筑创作实践

1940 年代的卫国战争给苏联的城市建设带来了毁灭性的灾难，1710 座城镇变为废墟，7 万多个村镇被毁，32000 多个工业企业遭到破坏 [9]。卫国战争胜利以后，苏联国民经济迅速恢复，开始了战后复建的大规模的建设热潮，到 1950 年工农业发展超越战前水平。由于战争胜利而带来的欢庆和信心，城市建设也被赋予了胜利的主题，从而走上了追求宏伟气魄、崇尚装饰手法的盲目创作，浮华的装饰风愈演愈烈，建筑界形成了折中主义与新古典主义一统天下的局面（图 2-3）。这种现象既给国民经济带来了损失，又大大降低了建设速度。

图 2-3　20 世纪 40 年代的建筑作品

a）莱蒙托夫广场的高层行政办公楼 [2]　b）萨多沃·苏哈列夫街上的住宅 [2]　c）萨达娃亚·格列纳塔街上的住宅 [4]

1950 年代中期，随着时代的前进，苏联的政治、经济都进入了新的日程，苏联建筑发展方向发生了重大转变。赫鲁晓夫的上台动摇了宫殿式宏伟建筑思想的基础，扭转了浮华装饰的建筑风格，社会要求与之相适应的工业化的建造方式和更经济、快捷的建造方法。1954 年全苏第二次建筑师代表大会，对既往的建筑道路进行了批判与反思。大会的基本精神就是反对原来的建筑浪费现象，大量发展预制钢筋混凝土构件、推行机械化施工以及建筑设计的标准化问题[6]。建筑的全面工业化，成了苏联建筑发展的根本道路。提倡广泛采用定型设计、标准构件与装配式建筑，提倡建筑的大量性和经济性，成为新的时代潮流，由此建筑开始了全面的转变。1955 年 6 月苏联共产党中央委员会和苏联部长会议发布了"消除设计和施工的浪费现象的决议"。[3] 在建筑设计中，那种"不必要的过分装饰、牵强附会的装潢和毫无批判的对待遗产"、"盲目地抄套过去的建筑范例"、"从过去的建筑中剽窃"的唯美主义、形式主义的思想手法受到了严厉的批评[3]，创作上一再强调"形式的纯朴和方案的经济[3]"。这些无疑使建筑创作从战后胜利的冲动与"斯大林风格"的约束中，转向工业化，转向更多地注重功能、技术的理性主义和工艺主义，由于卫国战争而推迟了 20 年的现代主义以其简洁的造型和良好的经济性而得到了复兴。

伴随着时代的变迁，苏联建筑创作的方针转向以满足迫切的社会需求为目的。实行建筑工业化，广泛采用定型设计、标准构件与装配式建筑，提倡建筑的大量性和经济性成为新的时代潮流[3]。在社会经济、科学技术取得了长足发展的前提下，运用最新的科技成果实行大规模的基本建设，建设了包括科学城在内的许多全新的城市和大量性居住建筑，促进 1957—1969 年苏联建筑业物质与技术基础的快速发展。这个时期建筑理论仍然是在"社会主义现实主义"的指导之下，但是建筑风格已和原来的建筑有了明显的改变，在建筑的外形上，已不再是烦琐的古典装饰，而是用现代主义的设计手法来反映这个时代的特征。菲利浦·梅瑟总结说："苏维埃功能主义的目标非常实际，就是以最少的钱建最多的房子，同时，作为一种艺术表达方式，它加强了国内文化的统一性。"[7]

跨入 1960 年代后，唯物主义美学在苏联建筑创作思想上占上风，"斯大林式巴洛克"已成过去。社会主义苏联的建筑是以规模巨大、数量众多的大量性建筑作为这个时期建筑创作的主线，把建筑纳入大量性的定型化、工业化建筑的轨道上，尤其在解决社会最迫切的居住问题方面取得了显著成就。但与此同时，反浪费运动在不断高涨中走向了极端与片面，对现代主义的片面理解与追求产生了没有预想到的不良后果。

1960 年代，苏联全国的建筑工地经常在 10 万个以上，在有限的建设面积、大量需求和降低造价的要求下，不得不降低了每户的最小居住面积指标，甚至有的住宅层高降低到 2.5 米，这就决定了居住建筑本身在建筑上一定程度的简陋。同时过度的反浪费转变成对建筑创作艺术性的要求不断降低，甚至消失，从而导致刻板的、单调的、千篇一律的建筑普遍出现。建筑师职业技能的降低，对空间的掌握及造型和细部设计能力的下降，在很多地方丧失了对建筑构图原则、人体尺度感觉的把握。与大量的工业化建设取得巨大成就的同时，建筑艺术水平普遍下降，建筑的文化象

图 2-4　赫鲁晓夫时期大规模兴建的住宅 [8]

征作用和思想作用不复存在。新建城市面貌在急于解决居住房屋短缺而采用大量预制装配工业化的做法下，陷于呆滞刻板。这一段时间建设的住宅楼被称为赫鲁晓夫楼（图 2-4）。50～60 年代建设的这些经济实用住房无法提供任何艺术性，甚至可以说，50～60 年代的建筑创作上"片面的现代主义"导致了今天俄罗斯许多城市基底建筑的单调与粗糙。

总的来看，20 世纪 40～60 年代的苏联建筑创作是从一个对宏伟主题的极端追求走向另一个对现代主义的片面追求的过程。一方面是 40 年代初期为纪念伟大的战争胜利而片面追求宏伟的英雄主义建筑——大量堂皇气魄的大型公共建筑和纪念碑建筑，导致对社会主义现实主义建筑思想的本末倒置，建筑的艺术形式被夸张为决定建筑特征的主要因素，传播了庸俗浪费的歪风；另一方面片面追求速度和规模的狭窄单一的"现代主义"，盲目地建造大量经济实用房，单调的工业化方式、简单的建筑形式完全不顾建筑的艺术特征。但无论怎样，这一时期的建筑潮在苏联建筑史上可以说是很有分量的一段历程，是一个充满希望、赞颂、积极，同时又偏向浮华、奢侈的年代，是一个快速建设、成就突出，同时又千篇一律、千城一面的时期。

2.1.1.3　20 世纪 70～80 年代多样化的建筑创作与"纸上建筑"

1970 年代以来，苏联经济得到了很大的发展，生产水平有很大提高，许多重要产品已经超越了美国，人民生活水平逐渐提高。随之而来的是人们对审美文化的追求，美学对象的扩大，使审美活动获得新的发展，科技活动同艺术活动出现整合的趋势，审美活动和艺术创作渗透到科学和生产活动系统之中。技术美学、生产美学获得蓬勃的发展，同时国际文化的交流带来了西方后现代主义思潮，这些都直接地影响了这一时期的建筑发展。60 年代单调的工业化方式，简单、刻板的建筑形式，已经无法适应时代要求，不能满足新的审美理想。

在这种社会背景下，建筑创作思想进入了开放的阶段，并在 70 年代出现了多样化的局面。这种多样化既是对传统的发展，也是对所有外来进步因素的吸取。在建筑思想上出现了注重文化内涵、重视历史、重视民族特点、地方特色的寻求、重视传统和现代的结合、注重人们多层次的需求等倾向，由于美学、艺术学、多种学科的发展渗透，建筑学越来越成为一种多层次、多方面的综合现象。民族的艺术特性已不是单纯地对个别建筑的烦琐渲染，而是有机地融合于原有的建筑环境中。对传统的注意也不是刻意的仿造，而是利用民族的过去创造生动的现在。多样化时期打破了过去把社会主义现实看成是固定的原则和模式的特点，突出了展示视野，面向社会发展过程的新的创作思想。

70 年代后期到 80 年代，苏联建筑师在发扬传统建筑风格、地方特色与形成本民族建筑风格方面进行了很多探索和努力，产生了一些不错的作品，使这一时期的苏联建筑从色彩、环境、装饰、细部乃至材料方面都在悄悄地发生变化。同时在人民物质与文化生活水平的提高的推动下，公共建筑的内容和形式都有了新的发展，建设了大量的文化建筑，诸如电影院、剧院、音乐厅、文化宫等。公共建筑追求多样性的形象，在创作上运用各种"主义"和手法以达到彼此不同。民族、地方的特色，文化传统的内涵都转化为建筑创作的灵感源泉，体现在这一时期的建筑形象之中，可以说西方后现代主义已经成为当时的创作思潮（图 2-5）。但是这个时期的多样化同俄罗斯转型时期建筑创作的多元化发展是不一样的，它是出自于"发达社会主义"的"全面和谐发展个性"的需求。这个多样化更多地停留在思想层面，还没来得及进行建筑创作实践，苏联就进入了经济衰退、矛盾重重的年代。

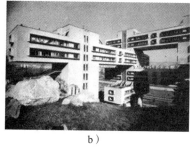

a）　　　　　　　　　　　　b）　　　　　　　　　　　　c）

图 2-5　20 世纪 70～80 年代建筑作品
a）"乌兹别克斯坦"宾馆[3]　b）格鲁吉亚公路部的工程师大厦[2]　c）克里米亚海滨友谊学生度假公寓[3]

1980 年代初期，苏联已经失去了经济发展速度的优势，经济发展逐渐失去了活力，经济的畸形发展和内在矛盾孕育着经济和社会危机。随着社会经济的停滞，社会政治领域也出现了思想道德价值的滑坡与信任危机，这些动荡因素带来了城市建设速度明显下降。70 年代以来的多样化发展仍然继续，建筑师的创作热情没有减少，但是实际创作机会却不断减少，建筑师不得不处于现实创作的压抑期，这些因素导致建筑师的创作进入了一个"纸上谈兵"阶段。建筑师对后现代主义和高科技的迷恋无处发泄，这种新时期的创造力和形式热情被发挥在图纸表现中。人们不得不把它视为一种压抑的创造力的回归，就像乌托邦理想的自我内向爆炸一样。建筑师具有探索精神的作品花样百出，创造出了带有奇异外形的建筑和城市，但是这种活跃只是停留在图板上，形成了让世界建筑界震惊的"纸上建筑"运动。很多年轻的建筑师在国际竞赛中赢得了奖项，他们在自己的作品中汇聚了各个时期的创作手法：20 世纪 20 年代的俄罗斯构成主义、16 世纪的古典主义、早期的现代主义、立体派、东方风格、怀乡、隐喻的浪漫主义手法等，在纸上建筑的幻想中，这些元素都同时合成了一个个性的整体。苏联的"纸上建筑"运动对国际建筑的发展作出了一次巨大的贡献。

总的来说，1970 年代建筑创作思想多样化在社会主义国家文化统一性的制约下主要局限在思想层面，但是建筑师的创作思想得到了开拓，丰富了其创造力，并在限制实践的 80 年代中直接诱发了建筑师的"纸上创作"，同时为今天俄罗斯建筑创作奠定了一个多样化的思想基础。

2.1.2 主要特征

2.1.2.1 相似的城市基底

俄罗斯社会转型前，建筑创作在社会主义现实主义原则指导下呈现出一元化的发展，社会主义时期建设的大量性建筑呈现出千篇一律的美学特征，这种相似的城市基底建筑至今仍是俄罗斯大部分城市建筑的主要印象。

在社会主义现实主义的指导思想下，卫国战争胜利后苏联开始了大规模的城市建设。城市数量从 1938 年的 808 座增加到 1954 年的 1515 座，短期内从废墟中重建起一百多座城市[3]。为解决斯大林时代城市房屋奇缺的问题，苏联将计划重点向居住建筑转移，城市居住面积大幅度增长，城市设施也迅速增长。由于时间短、规模大，在高速建设中建筑师来不及思考。因此，在大量性住宅和文化生活服务建筑中，一开始就实行定型设计，同时广泛推行工业化施工方法。40 年代末开始研制装配式大板住宅，并很快开始了大板住宅的大量性建设。在建筑工业化发展、标准化设计及施工手段的采用使得几乎相同的居住单位迅速生成。因此，社会主义苏联的建筑，是以规模巨大、数量众多的大量性建筑作为重要的质的标志[3]。大片的住宅区平面布局刻板单调、立面造型缺乏特色，这些相似的钢筋混凝土方盒子似的建筑对人们的艺术性需求没有任何满足。而在 20 世纪 80 年代以前俄罗斯的主要城市几乎充满着这样乏味的、相似的"方盒子"。50、60 年代大规模的建筑生产，使在 20 世纪 90 年代后的俄罗斯有超过 3/4 的人口生活在预制社区中。"统一参数，定型设计"几乎成为社会主义时期建筑创作最具有代表性的描述和准则。在这样的统一标准下，社会主义苏联从住宅建筑到工业建筑，从城市建设到公共文化设施建设形成了统一的表现风格，构成了各个城市相似的城市面貌（图 2-6）。城市建筑的形象表现是长期以来建筑发展演进的结果，因此，社会主义现实主义原则指导下的一元化的建筑创作不仅构建了社会主义苏联的城市形象，同时也成为社会转型后的俄罗斯城市建筑的基底形象。

2.1.2.2 华丽的古典风格

城市建筑的形象是建筑发展长期演进与积淀的结果，在俄罗斯建筑发展与演进的历史过程中，古典主义风格以其强大的生命力成为俄罗斯建筑发展不容忽视的主流方

图 2-6　相似的城市建筑形象[9]

图 2-7　弗拉基米尔圣母代祷教堂[10]

图 2-8　莫斯科克里姆林宫[11]

图 2-9　莫斯科圣·瓦西里教堂

向，并在发展中实现了对俄罗斯民族特色和地方风格的融合。

　　早在基辅罗斯时期，弗拉基米尔大公引进东正教为国教，为早期俄罗斯带来了拜占庭建筑文化，并对俄罗斯建筑的发展发挥了重要影响（图 2-7）。进入莫斯科公国时期，俄罗斯建筑在民族建筑文化的基础上吸取意大利的建筑经验，形成了具有木构建筑特点的塔形式样结构建筑，这种建筑风格不仅在形式上反映俄罗斯建筑的特点，更在思想内涵上追求俄罗斯的精神（图 2-8）。15 ~ 16 世纪，俄罗斯统一国家的形成促使建筑艺术取得重大成就，文艺复兴风格及巴洛克建筑风格成为当时建筑创作的主流（图 2-9）。17 世纪末，西欧文明开始传入俄国，随着政局稍稳，经济逐步恢复，俄罗斯建筑有了长足的发展，并逐渐开始融入欧洲的建筑发展道路。18 世纪中叶，融合了俄罗斯传统的巴洛克建筑风格发展到达顶峰（图 2-10），随后在保罗一世统治时期被宏伟的俄罗斯帝国式样的古典式建筑风格所取代（图 2-11）。在尼古拉一世统治时期，古典式让位于所谓的折中式或历史式，其实质在于模仿古罗马的艺术、哥特式、文艺复兴式和巴洛克式。十月革命后，苏联经济与技术飞速发展，建造了许多新城市，扩展和改建了旧城市，出现了数以万计的建筑物，这些建筑注重实用价值，但部分大型建筑仍具有很高的古典主义艺术价值。除继承原有的俄罗斯式、古典主义式、折中主义式的风格外，还吸收了西方现代建筑的一些特点。纵观俄罗斯建筑的发展历史，除了社会主义时期的大规模定型设计之外，古典主义风格成为俄罗斯建筑发展的主流。从彼得大帝统治时期的古典主义舒适风格发展到豪华的巴洛克式建筑；从叶卡捷琳娜二世时期线条严整、造型柔和的古典式建筑到俄罗斯帝国样式的兴盛；从保罗一世整齐的古典式街区和宏伟的古典建筑群的兴建到尼古拉一世时期折中式古典主义；从20世纪初古典式建筑正面到1950年代融入古典装饰手段的俄罗斯现代主义建筑的发展，伴随着俄罗斯建筑的发展历史，古典主义完成了在俄罗斯的自我完善。俄罗斯建筑对古典建筑美学的追求，在形式上推崇形式美的规律，比例、构图、柱式、形体的组合、整体的秩序在千百年的推敲中形成了一套完美的范式，这些范式成为俄罗斯传统建筑文化的根基延续至今仍表现出强大的生命力。可以说，正是古典主义风格建筑的不断发展与完善，决定了今天俄罗斯大部分城市中心的面貌（图2-12）仍然以华丽的古典主义风格而著称。

图2-10　叶卡捷琳娜宫

图2-11　圣彼得堡海军部大楼[12]

a）

b）

图2-12　城市中心华丽的古典风格

a）莫斯科城市中心区[4]　b）圣彼得堡城市中心区[13]

2.2　当代俄罗斯建筑创作发展的两个阶段（1991—2010 年）

随着 1991 年苏联解体，当代俄罗斯进入了社会转型时期，这种转型，不仅体现为政治体制、经济制度、文化艺术等方面发展的激烈动荡和深刻变化，更引发了人们思想意识、社会心理的强烈震撼和深刻的矛盾、困惑和冲突。建筑作为承载社会生活的实用艺术，在社会因素的深层制约下，其发展必然带有明显的、与社会发展的特殊阶段相关联的变化性与独特性。因而，1991 年至今的俄罗斯建筑创作发展无疑从不同的层次与深度体现出与社会发展相关联的震荡表现。

2.2.1　建筑创作的衰落（1991—1998 年）

1990 年开始，苏联经济发展出现了战后第一次负增长，随后其经济发展大幅度下降，使苏联陷入严重的经济困境，从而在一定程度上导致社会危机。1991 年 12 月，苏联在政治危难、经济困境中宣告解体，独立的俄罗斯联邦走上了世界历史舞台，但是经济上的负债累累直接导致俄罗斯从成立之日起就处于综合国力日趋下降、经济发展全面滑坡的窘境。普京总统上台时曾评价说："90 年代俄罗斯国内生产总值几乎下降50%……大概这是俄罗斯近二三百年来首次真正面临沦为世界二流国家，抑或三流国家的危险。"[14] 解体以后，俄罗斯彻底否定了国家统一调控的计划经济体制，经济改革采用休克疗法，全面推行私有化，走向了市场化的自由经济之路。这种激变式的经济改革是建立在对以前经济体制完全毁灭的基础之上，因此在国家解体之后的最初几年，俄罗斯政治经济体制改革始终没有走上稳定发展的道路，从而引发了国家经济的全面崩溃。经济衰落的同时，俄罗斯市场经济初期阶段的种种弊端又使国家陷入发展的困境，从而导致社会发展的动荡、文化发展的混乱。幼稚的民主政治与独裁专制的平行发展；经济活动的不正规性，缺乏必要的法规支持系统；人们道德思想、审美品位的混沌；缺乏发展的向心力与凝聚力等因素导致俄罗斯的国家发展在社会转型的初期阶段一直在动荡中徘徊，这一困境也不一例外地体现在转型初期的俄罗斯建筑创作的发展之中。

首先，经济的全面下滑，给建筑领域带来的直接影响是建设总量连年下降。解体后的 10 年间，俄罗斯用于城市建设的资金非常紧张，导致在建筑业发展方面欠账太多，建筑行业面临着严重的劳动力不足、设备设施陈旧、资金筹措困难等诸多问题。建筑业产值连年下降，据统计，1998 年俄罗斯建筑业产值下降到 1990 年的 31%。有限的建设资金主要集中在首都的建设活动，这些建设活动数量上屈指可数，类型主要集中于历史建筑的重建，如莫斯科救世主大教堂的重建，红场上的喀山圣母教堂、伊维尔斯基拱门及小礼拜堂等。在经济危机重重的环境下重建这些古董虽然为新政府树立形象、重现俄罗斯昔日辉煌以唤回民众的民族精神和信仰起到了一定的作用，但是就建筑创作的发展而言却并没有起到积极的意义。

其次，建筑发展的社会背景相当复杂。政治体制的剧变、社会财富的重新分配，使社会价值观念迅速转变，人们生活节奏加快，这些等无不在建筑上打下烙印。俄罗斯的建筑界处于"改变"自己以"适应"苏联解体以来俄罗斯出现社会剧变新形式的阶段。由于完全排斥了过去的建筑传统，即社会主义时期的建筑准则，转型初期的建筑创作发展还未能根据社会体制转型所引发的种种变化作出相应的自我调整，从而使建筑创作的发展逐渐丧失了对本体目标的追求和对社会目标的信心。这一时期的建筑活动十分混乱，建筑风格多样而无序，建筑师为忙于生计而盲目追求业主意识，俄罗斯建筑创作进入衰落而混乱的局面，对建筑创作理论的研究更是无人问津。

与此同时，在社会转型初期的俄罗斯，建筑创作上有限的进步来自于商业发展对于建筑的推动，以及地方建筑在小规模的建设中所体现出来良好的地方传统特色。市场经济带来了商贸活动的迅速发展，促进了商业建筑在俄罗斯的新发展，一方面俄罗斯各地兴建的商业建筑解决了苏联因经济结构不合理带来的商业建筑缺乏的问题，另一方面促进了新型商业综合建筑的出现。商业建筑的发展以其多样化的风格和明快的色彩为俄罗斯单调、灰暗的城市形象带来了不少生机。而就地方建筑的发展而言，这一时期在经济衰落的条件下下诺夫格罗德、萨马拉等地的建筑发展却向着地域主义的方向推进，由于受到西方文化的冲击较小，经济条件限制了建筑规模的同时却给予建筑师更充足的创作时间以精雕细作，从而促进了地域主义建筑的良好发展和地方材料的使用，正是这些地方建筑的实践使俄罗斯转型时期的建筑创作在地域主义风格上所做出的探索可以称得上是世界地域建筑创作领域的先锋。

总体来看，俄罗斯从 1991 年到 1998 年社会转型的初期阶段，由于政治、经济、文化、技术等各方面因素的动荡和衰落，这一时期的建筑发展并不令人满意。正如荷兰建筑师巴特·戈尔德霍恩对 90 年代莫斯科建筑的评价："莫斯科的新建筑可以被分为两类：第一类是'莫斯科风格'式的新建筑，即很成功地模仿了 19 世纪折中主义风格的'新莫斯科建筑'，但却模仿了那个时期折中主义风格中较差的部分；第二类是现代建筑外表下表达了最不先进的西方建筑技术成果的'莫斯科新建筑'。这两类建筑的设计水平可以说是'刚刚及格'。"[15] 社会发展的混沌局面，经济发展中的危机重重，导致建筑创作并没有将 80 年代"纸上建筑"的辉煌走向实践，出现令人期待的繁荣，虽然有地域主义的良好发展，但是建筑发展总体来说处于衰落时期。

2.2.2 建筑创作的激变（1999—2010 年）

经过了 9 年的转型发展，自 1999 年起，当代俄罗斯的政治趋于稳定，经济发展进入恢复期。随着国际市场石油价格的持续上涨，俄罗斯的国内产值迅速增长，通货膨胀大幅下跌,居民收入有所增长,失业率明显下降。1999 年以来连续 9 年的恢复性增长,俄罗斯以年均 6.4% 的增长速度成为世界上经济增长最快的国家之一 [16]。随着经济的复苏,大量的资金被投入到建设当中,这给建筑师提供了施展才华的舞台,于是建筑创作也迎来了新的发展时期。

这个时期内,俄罗斯经济上的多极化发展、社会生活方式选择的多样化为建筑文化与审美的多元化发展提供了可能和现实的基础。人们厌倦了那种"纯净的"、简洁的和标准化的建筑,对建筑提出了新的要求,追求个性和趣味性已是普遍的需要。于是,有的人从过去的建筑中寻找灵感,翻出了古典主义、折中主义并加以发挥;有的人则走向后现代建筑,主张非理性和不确定性;有的人强调地域特色;有的人则另辟蹊径探索新路⋯⋯,各种建筑观念、价值准则、思想片段一起碰撞、混杂,并产生种种矛盾、争执和变异。这本来也是社会变革后文化变革中的正常态势,然而值得注意的是,这个时期的俄罗斯建筑创作不仅受到了社会转型所带来的经济和文化巨大变化的冲击,更有外国各种建筑思潮和理论的冲击,以及俄罗斯积淀已久的传统建筑文化的深厚基础的重重作用。因此,建筑创作脱离了原有的文化背景,转而在复杂与冲突的现实社会中走向多元化的尝试。我们在 1990 年代以来的俄罗斯新建筑的创作中找到现代主义、地域主义、古典主义倾向存在的痕迹,而高技生态、有机仿生等建筑倾向也正在创作中萌发,但这些趋势还没有完全展开。社会转型中后期的建筑创作获得了空前的"自由"发展,建筑创作发展所面临的问题不再是摆脱什么,而是选择什么,从而促使这一时期的建筑创作呈现出复杂而纷乱的特征,并由转型初期的衰落转向激变的内爆式发展。这既是俄罗斯转型时期建筑创作多元性的基础,也是俄罗斯建筑文化震荡发展的根源。

与此同时,在俄罗斯社会转型中后期,活跃的建筑活动并不是很平均地分布在全国各地,而是相对集中在几个地区,尤其是大城市和一些自然资源较丰富的地区。由此,建筑创作激变发展的震荡现象主要体现在建筑活动密集的地区,而在其他经济发展相对落后的地区,建筑创作的发展则相对单一,并偏重于地方特色的体现。各地民族传统与地方特色的差异,为俄罗斯这一时期的建筑创作带来了在地域主义倾向追求上的多样化形式表现。

值得注意地是,建筑文化的全球化发展在俄罗斯遭遇了社会转型的特殊背景,从而使俄罗斯建筑创作的发展具有了不同于其他国家的充满"冲突性"和"混沌性"的无序表现。俄罗斯在转型中后期的建筑创作在多元化局面下的激变发展呈现出不同于西方发达国家的、无中心的、充满矛盾与冲突的内爆式发展。西方发达国家的多元化发展是在现代主义统领了一个时期以后,主体思想解体,开始了多种发展探索,从而引发建筑创作上的多元化倾向,这种多元化发展是渐进性的。而在俄罗斯,虽然现代主义的工业化生产和装配化契合了社会主义现实主义的思想要求,但是真正的现代主义创作从来没有真正地成为建筑创作领域的主宰，当建筑师仍然在探索现代主义的时候，西方各种建筑思潮同时涌入俄罗斯，在西方经历了历时性发展的各种"主义"却在同一时间影响了俄罗斯建筑创作的发展，而与之斗争的是政治家和建筑师思想深处的对曾经辉煌的俄罗斯古典建筑怀念。因此，社会转型中后期俄罗斯建筑创作的多元化发展是激变性的，并表现出更为复杂和混乱的倾向：辉煌的俄罗斯古建筑已经无法满足社会发展的多样化需要，其价值体系开始解体，而现代主义的价值体系还没有建立就已经失落，新的主流价值体系尚没有形成，这必然意味着共同价值标准的丧失、各种价值的并存和多种价值的取向，这是当代俄罗斯建筑创作多元化不同于其他国家的激变性发展的根源。

　　总的来说，建筑创作在多元化的思潮中的激变发展成为 21 世纪俄罗斯建筑创作的主要特点。这一时期的俄罗斯建筑创作的发展面临着同中国 1980 年代同样的问题：寻找新时期下建筑创作的发展之路。在这个激变的时代，建筑创作不再是由几个被政府、社会公认的建筑师占据主导地位的创作局面，越来越多的新生力量以超越传统的意念探索、质疑、破译转型时期的建筑发展的方向，从而给俄罗斯转型时期的建筑创作带来了更加复杂与多元化的表现。虽然在这一时期的建筑创作中，建筑师的作品由于受到政府和投资商等多重因素的影响很难有连贯性发展，因此，无法依靠主导建筑师的创作风格明确勾勒转型时期的建筑创作的发展面貌。但是在社会转型中后期，建筑师的创作思想已经从社会主义时期的禁锢中出走，以各种方式不断探索和构建了这一时期多样化的建筑创作舞台，其建筑作品真实地体现了转型时期建筑思潮脉络与发展状况的复杂性。

　　帕维尔·安德烈夫（Павел Андреев）是当代俄罗斯热爱传统的建筑师之一。这类建筑师习惯于通过对传统建筑语言的改造与革新，应用传统建筑语言或地域建筑符号来塑造具有俄罗斯建筑特点的新建筑表达。帕维尔·安德烈夫认为在俄罗斯建筑创作领域，传统审美经过长期的积淀蕴含了巨大的潜力，对建筑创作具有巨大的影响力，任何脱离传统的建筑创作都是没有生命力的。与此同时，帕维尔·安德烈夫并不排斥俄罗斯转型时期的新变化，并认同时代对建筑的革新作用，在他的创作中不断挖掘传统建筑创作的潜力，结合新的建筑审美要求，运用更加灵活多样的手段进行表达，以寻求具有俄罗斯特色的新建筑表达。帕维尔·安德烈夫主要的建筑创作有 Manezh House 的重建（Reconstruction of the Manezh House at the Manezhnaya Square）、莫斯科西部行政区的商务酒店综合体（Гостинично-деловй комплекс）建筑方案等（图 2-13）。这些作品的创新与探索基本上是在传统建筑的框架下进行，虽然其作品的创新性在这个激变的建筑时代显得不足，但是在俄罗斯转型时期建筑以自由著称的时代中，这些创作无疑因保留了传统建筑的特色而具有积极的意义。帕维尔·安德烈夫在创作中非常重视外部因素的影响，他认为这些大量的、不同的外部因素构成了一个具有约束作用的框架，从而影响建筑师的创作构思的形成。建筑师的创作正是建立在对这个约束框架的正确预见上，并通过专业知识和技术来满足客户的希望、环境的要求以及建筑师自身对世界的认知。由此，建筑作品不仅反映了建筑师的主观创造性，同时也是对客观限制因素的回馈。正如建筑师在创作中努力地想要获得自由一样，帕维尔·安德烈夫在创作中努力地寻找限制建筑的约束体系。正是这样的创作立场，使他的建筑创作在当代俄罗斯舞台上显得更加具有逻辑性。

a) b)

图 2-13　帕维尔·安德烈夫的建筑创作

a）Manezh House 的重建 [17]　　b）商务酒店综合体设计方案 [17]

安德雷·鲍克夫（Андрей Боков）是当代俄罗斯建筑师的杰出代表，作为莫斯科国立第四设计院院长、俄罗斯功勋建筑师，他的建筑创作以大型公共建筑为主，主要的建筑创作作品有圣彼得堡真利时足球运动场（Zenith Football Stadium）、室内速滑中心（Крытый Конькобежный Центр В Крылатском）、莫斯科退伍军人社会休养中心（Социально-Оздоровительный Центр Для Вотеранов Г. Москвы）、"火车头"体育场（"Locomotiv" Stadium）等（图 2-14），在俄罗斯建筑界具有一定的影响力。其建筑作品的重要性，使安德雷·鲍克夫在创作中获得了更大的自由，因此其作品表现出了更加多样化的风格。尽管如此，安德雷·鲍克夫仍然认为虽然建筑创作在转型时期获得了更多的自由，并走向多样化的发展，但是这种创作上的自由并不彻底。他指出，对于建筑创作而言，自由应该分为外部自由与内在自由两个方面，俄罗斯转型时期的建筑创作所获得的外部自由已经可以同西方发达国家或者说其他国家的建筑相提并论，但是内在自由是另外一回事，在俄罗斯深厚的民族传统文化和无数机制条款的限定中，建筑师在专业领域的自由创作是非常困难的。因此，建筑创作并不能表达建筑师最初自由的构思，必须通过不断调整和让步来通过所有的审查程序。但是，在他看来，这种让步必须在一定的范围内，盲目的让步则失去了创作的乐趣，同时也使建筑师无法为最后的作品负责。与此同时，安德雷·鲍克夫并不完全赞同新生代彻底的解放和无限制的创作表现，他认为建筑创作不可能脱离现实独立的存在，创作活动必须同所在国家的社会环境和民族文化相适应。值得一提的是，安德雷·鲍克夫非常注重建筑创作的对外交流，不仅同西方国家，也同中国设计机构保持着良好的联系，这使得他的建筑创作始终在国际化的环境中发展，并在作品中不断实现对自我的超越。

图 2-14　安德雷·鲍克夫的建筑创作
a）真利时足球运动场设计方案[11]　b）室内速滑中心[9]
c）莫斯科退伍军人社会休养中心[9]　d）"火车头"体育场[9]

米哈伊尔·哈扎诺夫（Михаил Хазанов）是当代俄罗斯开设私有工作室的新生代建筑师代表，也是俄罗斯最早接受并运用计算机进行建筑创作的建筑师之一。他以革新的建筑思想、富有创造性的创作在俄罗斯转型时期的建筑创作中成为新建筑文化的先锋。米哈伊尔·哈扎诺夫非常重视对新技术的不断学习与应用，抛开传统与现代、民族与世界的风格限制，主张在新的社会背景中探索与时代发展相适应的审美表现。他认为俄罗斯转型时期的建筑创作获得了前所未有的自由，因此他不断尝试在创作中选择新的方法来解决问题，选择抽象、动态、解构等各种形式创作手法及这些手法的自由组合来创作造型奇特、构思大胆的作品，这些作品因其极富个性的创作表达而更加具有时代精神，并带有超越现实的自由主义特点。米哈伊尔·哈扎诺夫的建筑作品大多尚未实施，其中主要的代表作品有：莫斯科地区行政公共管理中心（Administrative and Public Center of the Moscow Region in Myakininskaya Poima of the Krasnogorskoy Region）建筑方案、莫斯科国家当代艺术中心（National Center of Contemporary Art）

扩建方案、莫斯科四季体育中心（Everyseasonal Sports Center at Moscow）建筑方案等
（图 2-15）。米哈伊尔·哈扎诺夫认为尽管面对现实，建筑创作因为诸多因素而变得复
杂，但是在俄罗斯转型时期这个激变的时代中，自由的环境为建筑师提供了更多的选择，
也为建筑创作的发展提供了更多的机会，建筑师可以像艺术家、作家甚至发明家一样
在纸上或计算机屏幕上描绘自己的构思，从而使创作活动变得更加富有激情。

图 2-15　米哈伊尔·哈扎诺夫的建筑创作[9]

a）莫斯科地区行政公共管理中心设计方案　b）莫斯科国家当代艺术中心扩建方案
c）莫斯科四季体育中心构思草图　d）莫斯科四季体育中心设计方案

　　无论是对传统建筑文化的挖掘，还是建筑师充满创造力的自由主义创作，它们都
在建筑创作中体现出了对新建筑的探索，正是有了这些建筑师的探索基础，当代俄罗
斯的建筑创作才能够有一个新的综合和多元化的发展。

2.3　建筑创作发展的嬗变（1991—2010 年）

　　当代俄罗斯社会体制的变迁使俄罗斯全面脱离了社会主义时期的发展轨迹，从经
济到文化全面地进入了一个全新的发展时代。建筑作为时代文化的载体敏锐地反映了
社会变化并率先表现出与社会变迁相适应的"转型效应"。在经历了社会主义时期的风
格管制之后，这一时期的建筑创作发展成为俄罗斯历史上少有的、艺术风格未受统治
阶层控制的发展阶段，因此，这段时期的建筑创作以风格自由著称，其发展呈现出独
特的多样性和超常性。一方面 1991—2010 年这一时期俄罗斯的建筑创作逐步脱离了社
会主义时期的一元化发展，开始同世界建筑文化的发展接轨并趋于大同，这是不以人
们的意志为转移的世界发展的必然趋势；另一方面，这一时期全新的社会体制和经济

环境赋予了建筑师新的创作环境，同时在逐步开放的创作环境中，各种外来的建筑风格流派势必同辉煌的传统建筑文化相交汇，并产生了激烈的文化碰撞与融合，从而使建筑创作的发展在冲突、多元、复杂的发展变化中进入一个激变的时代。由此，当代俄罗斯建筑创作发展在脱离了现实主义的指导原则之后，在全球化、国际化的引导下，在本国传统文化、民族性的制约下已经走向新的嬗变，并呈现出多元化的发展趋向。

2.3.1 社会审美从一元统治走向混沌发展

在社会转型前的苏联，由于国家政治的高度集中，经济、文化的发展在很大程度上取决于政治要求，这个影响同样体现于社会审美的发展。从 1917 年十月革命开始到 1991 年苏联解体的 70 多年间，社会主义苏联的社会审美始终清晰地反映出政治控制的主导作用，甚至于反映了政治领袖的个人偏好与兴趣。社会审美的一元化给建筑创作的发展带来了统一的创作表现，无论是 1920 年代社会主义苏联建立之初对城市建筑发展的探索、1930 年代古典主义建筑风格的普化、1940 年代卫国战争后城市建设的宏伟主题还是贯穿于整个社会主义时期的在城市建筑风格中对社会主义现实主义的不断探索与更新，无不反映了建筑创作在一元化社会审美的引导下的具有统一性的主流发展。因此，在社会转型前的社会主义时期，苏联的社会审美发展始终在国家政治的宏观控制下表现出一元化的发展特征，并引导了社会主义时期一元化的建筑创作。

1991 年苏联解体，社会发展进入转型时期，社会变革给俄罗斯带来的不仅是社会制度、经济体制的变革，同时也带来了社会文化的剧变。社会的开放促使社会文化本身的范围扩展了，文化不再局限于它早期传统的或社会主义的属性，逐渐与资本主义经济相联系，吸收了市场经济带来的所有高雅的或低俗的艺术形式，传统形式与各种新兴的艺术形式在实践中产生出各种各样的混合物，这一切极大地丰富了当代俄罗斯社会文化的同时也促使社会文化丧失了独特性，使社会审美丧失了对艺术的评判标准。由此，文化的变革带来了审美品位的混沌，也可以说是社会文化的扩张促使对美的评判标准趋向于多元化的发展。对欧洲文明的崇尚、对个人英雄的崇拜、遭受西方大众文化的冲击、消费文化带来的拜金主义和解体后迅速崛起的新贵阶层，过多因素的同时出现更加剧了这一时期俄罗斯社会审美文化的混沌局面。

审美文化的混沌作用于建筑创作，直接表现为建筑创作手法的混杂和建筑表现形式的冲突。西方文明冲击下对现代建筑各种创作手段的尝试，东方情调影响中对独特的建筑文化的表现，强烈的民族情节下对俄罗斯建筑传统的眷恋，以及欧洲崇拜中对古典主义形式法则的期待……，这一切形成了当代俄罗斯建筑创作呈现出无中心、复杂多样的建筑创作表象。无论是对古典风格和民族传统的推崇、对折中主义和大众主义建筑的接纳，还是对各种新的建筑艺术形式的追求与模仿，甚至是某些超现实主义的建筑幻想，都能在现时社会的审美文化中引起共鸣，各种建筑创作风格在一个多元化的审美标准中安然相处。丰富的形式语言模糊了"传统"和"现代"之间、"美"与"丑"之间的界限，这种审美文化的混沌对当代俄罗斯建筑创作的表现具有强大的支配性。

2.3.2 建筑创作从权力控制走向市场制约

建筑发展同政治、经济、文化、技术因素密不可分，纵观世界各国的建筑发展历史，我们不难发现，社会稳定、经济繁荣、政治对各个方面的控制持开放态度的时期，必然是建筑发展飞速进步的时期。建筑作为社会精神文化物化的载体体现社会的主流意识或者说是统治阶级的意志是不可避免的，但是权力因素的干预与建筑的发展往往背道而驰，权力因素干涉越小，建筑师的创作越趋于自由多样，从而对建筑发展产生良好的推动；权力因素发挥的作用越大，建筑创作思想越趋于禁锢，从而使建筑发展只能停滞于某个方面的成绩，甚至导致在该方向上过度发展或片面发展的结果。

在近代世界建筑发展的历史中，很少有哪个国家的建筑像俄罗斯这样受到权力因素的强烈制约，从苏联时期开始，建筑艺术的发展就在很大程度上取决于政权对建筑和城市建设的态度，权力的影响清晰地体现在苏联建筑发展的各个阶段。苏联时代的列宁、斯大林、赫鲁晓夫、勃列日涅夫等领袖们的个人偏好和苏联高层人士的兴趣不仅决定了建筑的财力投入、功能方向，也决定了建筑的风格类型，其中最具代表性的是斯大林和赫鲁晓夫。在斯大林执政期间，苏联的建筑风格在他个人爱好的基础上发生了极大的逆转。斯大林取缔了所有的建筑研究协会,重组为唯一的建筑政府组织——苏联建筑师协会，并通过该组织贯彻自己关于建筑的设想。否定了当时具有开创性的苏联前卫艺术运动和前卫建筑实践这种自由主义形式的探索，取而代之的是完全的古典主义的回归，斯大林坚持将古典主义作为唯一永恒的理想，导致苏联在斯大林时期的建筑创作始终围绕着罗马帝国式的、意大利文艺复兴式的以及俄罗斯 19 世纪的古典主义建筑风格。赫鲁晓夫执政后，否定了建筑中的古典主义形式，使苏联的建筑又开始了巨大的变化。反对一切奢侈的建设活动，极力推行工业化生产和装配式建筑，一切建设活动以速度快、建设量大为根本。赫鲁晓夫的"工业化理想"下的建筑创作形成了当时俄罗斯城市大量性的基底建筑，这种形式单调的建筑至今仍影响着俄罗斯大部分城市的基本面貌。俄罗斯建筑创作的"权力意识"根深蒂固，从 1917 年"十月革命"到 1991 年苏联解体间 70 多年的固化使得这一现象几乎演变成为苏联城市建筑的一种特征。

在新的时期，随着俄罗斯社会转型，经济的飞速发展，政治对各个方面的控制进入相对开放的时期，权力意识对当代俄罗斯建筑创作的决定作用发生了新的转变，虽然仍有像尤里·鲁日科夫一样对城市建设和建筑形象予以极大影响的政府领导，但是今天的俄罗斯已经很难通过描述某个人的审美喜好体现建筑创作产生的变化。以"权力"为主导的建筑风格已经开始解体，并没有人特别是统治者或统治阶级对建筑再提出主观要求。权力因素从"霸权"的舞台淡出，进入了应该存在的"隐形"作用之中，这是建筑基本属性回归的必然结果。权力意识演变成政治因素或行政管理因素，通过各级审查部门、管理小组执行审批的方式对建筑创作产生微妙的制约作用，促使建筑师和业主被动地去贯彻或者主动地去迎合政治或行政意志，表达政治力量的意愿或者长官意志。也就是说，权力对建筑创作的决定作用从转型前的主导性决定向转型时期隐性化制约转化。

与此同时，社会经济是建筑创作发展的物质基础，伴随政治转型的经济体制改革使经济因素对建筑发展的推动作用日益强烈，从而使经济因素成为转型时期建筑创作发展的主要动力之一。俄罗斯社会从 20 世纪 90 年代的危机重重走向 21 世纪新的发展，经济的连年增长直接促进了建设活动的活跃，使建筑业日见兴旺，成为俄罗斯最有活力的经济部门之一，为当代俄罗斯建筑创作的发展提供了难得的历史机遇。首先，经济发展促进了各类建筑建设量的大幅度增长，这对当代俄罗斯建筑创作的发展起到了决定性的推动作用。其次，经济发展推动了当代俄罗斯建筑创作的多元化发展。在经济繁荣的推动下，俄罗斯各地迅速出现了许多不同类型的、规模各异的新建建筑，这些新建建筑成为当代俄罗斯建筑中最活跃的因素，改变着城市的建筑面貌。这极大地推动了适应时代发展的建筑创作。最后，经济发展促进了新型综合建筑类型的出现，并推动其他建筑类型的发展。在全球经济一体化的大趋势中，在向市场经济的过渡下，俄罗斯经济的发展促进了新型建筑综合体的出现，商业办公建筑、商业居住综合体、商业展览建筑等，这些建筑类型在 20 世纪 90 年代以前几乎是不存在的，新型综合体建筑中商业功能带动综合体建筑的其他功能协同发展，极大地促进了当代俄罗斯房地产市场的培育与发展。

伴随着社会转型，市场经济的确立与发展给当代俄罗斯的建筑设计机构及建筑创作的发展带来了观念上的更新和体制上的转变。在市场经济的影响下，资金情况成为建筑建设和创作活动的根本动力，对利益的追求为建筑创作贴上了市场化的标签。各政府部门和建筑师逐渐接受和认识市场规律对经济的决定作用，并开始接受市场规律对建筑发展的制约，促使建筑创作从原来的"计划控制"走向"市场决策"。建筑创作运行过程中的调节方式不再是行政手段的绝对控制而是依据市场需求为特征。市场需求对建筑创作的制约作用顺应了建筑创作发展的必然性和应然性，这种制约作用改变了苏联"计划创作"时期思想保守、设计缺乏多样性的弊端，并逐步消减了"权力因素"强加在建筑基本属性中的不合理成分。

综上所述，1991 年之后俄罗斯建筑创作已经发生了从社会主义时期的"权力控制"

走向转型时期的"市场主导"的嬗变，权力因素对建筑创作的决定作用正在从显性层面转入隐性层面，而市场经济因素对建筑创作的制约作用则逐步走上主导。这种嬗变为俄罗斯建筑创作的发展提供了更为自由开放的创作环境，从而对建筑发展产生良好的推动作用。但是应该引起关注的是，在社会政治突变、经济复苏的社会背景下，在"权力因素"对建筑创作的制约力逐渐消减、"客观的经济因素"开始发挥正常作用的同时，俄罗斯转型时期的建筑创作却又加入了"主观经济因素"的影响。也就是说，市场对建筑创作的制约并没有完全以提升俄罗斯建筑创作发展为根本，在追求经济效益的创作环境中，建筑法规也尚不健全，这在一定程度上制约了当代俄罗斯建筑创作的发展。

2.3.3　建筑发展从自主封闭走向逐步开放

社会转型前，苏联作为社会主义阵营的领军国家同西方资本主义政治集团相对立，这种对立不仅表现在国家的政治立场上相互抗争，也表现在国家的意识形态上的相互抵制。对西方资本主义的抵制客观上导致了苏联社会文化发展的自主封闭，建筑创作作为社会文化的载体，其发展必然同国家政治环境和国家的意识形态相关联，反对西方资产阶级腐朽思想、反对"世界主义"的一切成果的社会思想在建筑创作上直接体现为从根本上取缔一切"不健康"的创作思想，将"社会主义现实主义"作为苏联建筑创作的最高纲领，从而建立了一套独立的、以为社会主义建设服务为目的的建筑理论体系，并成为指导社会主义时期建筑创作的准则。正是意识形态上的对立阻断了苏联同西方国家的各种交流，因此，社会主义时期的建筑创作在自主封闭的环境中，独立地沿着与西方模式截然不同的方向发展，并形成了具有苏联特色的建筑创作局面直至苏联解体。

1991 年，政治体制的根本变革使俄罗斯踏上了资本主义的发展道路，国家发展从社会主义时期对西方国家的严格抵制迅速走向了社会转型之后"全盘西化"的道路。同时，随着 21 世纪全球化发展的影响，任何国家都不可能在封闭中发展自己。国际交流日益频繁，文化的发展也超越国家和地区的界限在全球范围广泛传播，先锋的艺术倾向和各种理论思潮以前所未有的惊人速度进入俄罗斯这个拥有深厚文化积淀的国度，并快速地发展、融合、再生。表现在建筑层面则是各种建筑理论、思潮、创作手法的传播与融合，给当代俄罗斯建筑创作带来了巨大的冲击和改变。由此，俄罗斯转型时期的建筑创作在悠久的传统文化与西方建筑文化的冲突与融合中，结束了社会主义一元化的创作局面，建筑发展从社会主义时期的自主封闭走向了逐步开放。建筑创作获得了空前的"自由"发展，展现出风格迥异的建筑形态表现。

当代俄罗斯建筑发展的逐步开放使外来建筑文化、思潮越来越积极地在俄罗斯建筑舞台上展现自我，它们在 1991—2010 年的俄罗斯建筑创作表现的空间占据关键位置，为当代俄罗斯建筑创作的调色板增添了色彩。外来建筑文化的引入，不仅活跃了俄罗斯建筑市场，也冲击了俄罗斯建筑文化，使原有的文化平衡机制发生了强烈的震荡。其中最具影响的无疑是商品经济带来的通俗文化，建筑作品中非政治化、非意识形态化、讽刺性模拟、享乐主义、娱乐因素明显增强，西方建筑文化中公认的惯用手法在转型时期的俄罗斯建筑创作的"语言环境"中获得了全新的社会和历史意义。由此，不难看出，在开放的社会环境中，外来建筑文化的冲击将当代俄罗斯建筑创作带入了新时期的建筑文化综合。

值得讨论的是，开放的社会环境为建筑创作带来的自由发展在不少俄罗斯本土建筑师看来是在日益"混乱"的建筑表现中摧毁俄罗斯独具特色的建筑发展。但是多种建筑文化的冲突与对立，客观上推动和导致了俄罗斯建筑创作的转型发展。多种建筑文化的运用、融合与再生成为这一时期俄罗斯建筑创作典型的表现因素，促使建筑师在更加自由的环境中以自己的探索和尝试塑造着当代俄罗斯建筑创作的新局面。但是，需要注意的是这种空前的"自由"也带来了空前的困惑，面对无数信息和选择，如何摆脱束缚适应变化成为当前俄罗斯建筑发展的主要问题。同时，俄罗斯建筑理论界对外来建筑文化的解读与研究并不深入，对外来的建筑创作手段中的高科技元素还有待于探索，因此摆脱传统模式的束缚，从形式到内容全方位、多层面的分析和研究外来建筑文化，才能将其与俄罗斯本土环境有机结合，有利建筑创作的发展。

2.4 建筑创作发展的阈限（1991—2010 年）

2.4.1 本土建筑理论的缺失

转型时期的俄罗斯社会从 20 世纪 90 年代的危机重重走向 21 世纪新的发展，社会的变迁、文化的繁荣更赋予了俄罗斯建筑师新的创作环境，物质建设的繁荣将各种风格流派的建筑同时呈现在大众面前。然而这一时期的俄罗斯建筑却缺乏与物质建设成就相匹配的文化成就，根本原因是本土建筑师在建筑理论研究方面的严重缺失。正如巴特·高德霍恩在《俄罗斯新建筑》一书中所说的："在近 15 年之内俄罗斯的建筑界基本没有什么学术讨论，每个人都在新的经济条件下忙着建造他们的工程。"[7]

笔者在俄罗斯主要城市调研期间，同样感受到俄罗斯转型时期在建筑理论研究方面的匮乏。在圣彼得堡和莫斯科的几家比较大型的书店虽然关于建筑类的出版图书数目并不少，但大多是外国建筑作品的介绍或国外建筑理论研究书籍的俄文版本。而俄罗斯本土学者出版的建筑图书大部分是关于俄罗斯古典主义建筑的研究、关于古建筑保护的研究和介绍以及建筑教学理论方面研究。本国建筑师对当代俄罗斯建筑创作理论研究的书籍寥寥无几，而在为数不多的同俄罗斯当代建筑相关联的书籍基本是以作品集的形式介绍当代俄罗斯新建建筑的实例，可以说缺少理论研究的成分和价值。

与此同时，虽然引进的西方先进的建筑理论与思潮和各种风格的建筑作品，客观上促进了俄罗斯转型时期建筑创作的发展，丰富了建筑创作的形态表现手法，总体上促进了建筑创作的多元发展趋势。但是，未经本土化的进一步研究，这种"引进"很难被俄罗斯建筑师真正的理解与消化，因此，很难促成比较完备的转型时期建筑创作的理论体系。本土建筑理论研究的缺失必将带来建筑创作实践的盲目前行，没有系统的理论研究作为指导，很难为城市形象带来令人满意的表现。这种本土建筑界对于建筑理论研究的匮乏现象成为制约俄罗斯转型时期建筑创作发展的主要因素之一。

2.4.2　建筑技术发展的滞后

技术对于建筑的影响总是以相应的物质形式作用于建筑的物质层次，在物化形态上，表现为结构、设备、材料及营建方式等。技术的整体发展对建筑创作而言是支持性的前提，当代高新技术的发展不断地改变着人们的生活，推动社会的进步，同时也引领着建筑创作向复杂化发展。而俄罗斯转型时期的建筑技术发展的滞后则直接限制了其建筑创作的表现与实践，成为俄罗斯转型时期建筑创作发展所面临的困境。技术滞后带来的浪费和功能上的保守与刻板，使建筑师要么在图纸上绘制天马行空的创作，要么在实际项目中按部就班，很难在实际项目中扩展创作思维，创造优秀的项目。因此，技术制约成为俄罗斯转型时期建筑创作发展的又一瓶颈。

一方面，近年来俄罗斯经济增长主要依赖能源工业，产业结构偏向重工业和军工工业，与建筑相关的工业技术发展则不健全。传统的建筑工业主要集中在水泥、混凝土预制件方面，技术基础不够雄厚、技术研发力量薄弱、技术设备陈旧；新兴的建筑工业在原材料或工业设备上主要依赖进口，导致产品成本居高不下。建筑工业的落后严重限制了建筑材料、建筑设备等方面的发展，并直接导致了与建筑相关的技术发展的滞后。正是由于对建筑材料选用、建筑构造处理等技术手段的缺失和不当使许多优秀的建筑方案最终难以取得较好的效果。同时施工技术水平的落后，导致了建筑施工速度慢、周期长，无法满足目前俄罗斯建筑市场不断增长的建设量。由此，不难发现，俄罗斯转型时期建筑工业的不健全、各类建筑技术水平的落后，导致了当代俄罗斯建筑整体水平不高的创作表象。

另一方面，俄罗斯在最新一代高技术研发上的落后，降低了俄罗斯经济的全球竞争力，现在除了个别领域以外，俄罗斯在国际高科技产品市场上严重缺乏竞争力。在建筑领域，高技术的匮乏直接影响高层、空间结构技术的发展，高强、轻质、复合的新型建筑材料的研发，生态节能技术的应用等，使许多高新技术建筑在俄罗斯现有技术环境中不借助外国技术支持就很难转化为实践。

综上所述，改变建筑创作中的技术缺失是俄罗斯转型时期建筑创作发展的迫切需求。在国际建筑技术日趋完善、技术交流日趋频繁的今天，引进在设计、施工中较成熟并得到应用的新的技术手段，如新型结构技术、新型构造体系的技术、对机械或电子产品等高技术工业品应用，才能从结构、构造、设备领域提升了当代俄罗斯建筑创作的表现能力，实现俄罗斯在转型时期的建筑创作的突破性发展。

2.4.3　建筑创作环境的混沌

建筑创作的发展必然要根植于一定的社会、经济、文化环境之中，这些因素作用于建筑创作，从而形成了特定时期的建筑创作环境。建筑创作环境对于建筑创作的发展而言，不仅提供了必要的支撑作用，也是决定建筑创作良性发展的主要前提条件。而对于俄罗斯转型时期的建筑创作而言，创作环境的混沌则成为制约建筑创作繁荣发展的重要因素。

苏联解体后，俄罗斯社会发展进入了从社会主义走向资本主义的全面转型时期。在社会转型的特定时期，国家发展的各个方面都表现出了不完善、不成熟的混沌特征，并且至今仍未结束。这种不完善的混沌特征在政治领域表现为幼稚的民主政治与独裁专制的平行发展；在经济领域表现为经济活动的不正规性，缺乏必要的法规支持系统；在社会心理领域表现为人们道德思想、审美品位的混沌，缺乏发展的向心力与凝聚力。在社会发展的制约下，1991—2010 年这段时期的建筑创作同样受到了这种不完善性的影响，因此，这一时期的建筑创作环境表现出明显的、与社会发展的特殊阶段相关联的、不完善的混沌特征。在新的社会秩序背景下，在新的市场经济环境中，俄罗斯转型时期的建筑创作环境还没有建立起完备的体系以适应新的发展。

转型时期建筑创作环境的混沌表现在建筑领域的各个方面，而其中最为显著的表现为建筑市场环境的不正规和建筑法规环境的不完善。首先，建筑市场环境表现出了俄罗斯市场经济初期阶段的种种弊端，特别是从专制的计划经济到自由的市场经济转型的过程中衍生的对经济利益的追求所带来的建筑市场的非正规化运行。政府部门、开发商甚至建筑创作机构在市场经济环境中偏重于商业利益而形成不公平的市场竞争，这无疑阻碍了建筑创作对建筑本体的回归与关注，限制了俄罗斯转型时期建筑创作的良性发展。其次，在新的社会秩序中，建筑法规环境还处于不完善的阶段。尽管法规条款制定得较为细致，但是实用性不强，政策法规多变是改革并不彻底的一个显著表现。同时，执法部门存在管理松懈、腐败滋生、官僚主义作风严重、办事效率低下等诸多问题有待于改善。建筑法规环境的不完善在俄罗斯转型时期极大地影响了对外资的吸引，这无疑与这一时期建筑创作的复兴发展在本质上形成了矛盾。

综上所述，在俄罗斯转型时期建筑创作环境的混沌严重地影响了建筑创作的发展，改善建筑创作环境不仅是俄罗斯建筑界面临的紧迫问题，也是建筑创作健康发展的保证和繁荣建筑创作的前提。随着俄罗斯社会体制的逐渐完善和市场经济的不断发展，建筑创作环境的完善和进一步法制化将给转型时期的建筑创作提供更大的发展空间。

2.5　本章小结

本章深入剖析了俄罗斯在社会转型前后建筑创作的主要发展概况。首先，通过对社会转型前社会主义时期建筑创作发展历程的研究，总结社会主义时期建筑创作发展的阶段与主要特征，以历时性视角对当代俄罗斯建筑创作的历史背景进行研究。其次，通过对1991—2010 年建筑创作的发展历程的详细解析，全景式的描述了社会转型后当代俄罗斯建筑创作发展的总体特征。再次，深入研究了俄罗斯建筑创作从社会转型前的社会主义时期到转型后的发展变化，总结了建筑创作发展从一元统治到混沌发展、从权利控制到市场主导、从自主封闭到逐步开放的变迁。最后，通过对当代俄罗斯建筑创作发展所面临的问题的深入挖掘，总结出理论研究的缺失、建筑技术的滞后以及建筑法规的不健全成为当代俄罗斯建筑创作发展的阈限。

本章注释

[1]　吕富珣 . 苏俄前卫建筑 [M]. 北京：中国建材工业出版社，1991：1，90，92，75，219，183，81，132，87，45，47，48，96 ~ 98.

[2]　博恰罗夫 . 苏联建筑艺术 [M]. 王正夫等译 . 哈尔滨：黑龙江科学技术出版社，1989：68，82，88，161，181，411，159.

[3]　李伟伟 . 苏联建筑发展概论 [M]. 大连：大连理工大学出版社，1992：48，5，136，137，138，106，207，210.

[4]　Латур А.. Москва 1890-2000 Путевдитель по современой архитектуре. Издательство "Искусство-ХХI век", 2007：248，218，319，214.

[5]　吴焕加 . 20 世纪外国建筑师精品回顾 [J]. 世界建筑，1999（06）：24.

[6]　刘军 . 苏联建筑由古典主义到现代主义的转变（1950 年代—1970 年代）[D]. 天津：天津大学硕士学位论文，2004：23.

[7]　巴特·高德霍恩，菲利浦 ·梅瑟著 . 俄罗斯新建筑 [M]. 周艳娟译 . 沈阳：辽宁科学技术出版社，2006：22，14，184，198，206，207，209，219，237，225，227，228，230，214，215，185 ~ 187，75 ~ 77，96，97，87，122 ~ 125，201 ~ 203，199，151，171，172.

[8]　D. O. 什维德科夫斯基著 . 权力与建筑 [J]. 韩林飞译 . 世界建筑，1999（01）：23.

[9]　莫斯科国立第四设计院作品集：207，310，305，329，294～301，184～187，242～245，261～263.

[10]　http：//blog.sina.com.cn/s/blog_629d3d100100guri.html.

[11]　http：//fanjunhua1998.blog.163.com/blog/static/3113272008112553625838/.

[12]　http：//www.ce.cn/xwzx/gjss/gdxw/200711/02/t20071102_13455823.shtml.

[13]　http：//blog.sina.com.cn/s/blog_629d3d100100iqub.html.

[14]　http：//www.china.com.cn/international/zhuanti/zzyaq/2008-02/13/content_9674790_3.htm.

[15]　巴特·戈尔德霍恩，渡边腾道，莫里吉奥·米利吉著. 外国建筑师眼中的莫斯科新建筑 [J]. 翰泉编译. 世界建筑，1999（01）：27～29.

[16]　http：//www.donews.com/tele/201006/128343.shtm

[17]　Annual Publication by the Moscow Branch of the International Academy of Architecture Year 2004-2006：74，11，63，149，62，150，66，68，101，81，150.

第3章 社会因素与建筑创作发展的关联

法国哲学家丹纳认为,艺术的产生总是与其所处的时代精神和社会环境相对应,"这些外力给予人类事物以规范,并使外部作用于内部"。[1]建筑作为承载社会生活的实用艺术,必然会从不同的层次与深度体现社会发展所产生的各种变化。同时社会思想观念和人们的意识形态总会对建筑创作实践产生巨大的反作用,从而影响乃至决定着建筑创作活动的发展。由此可见,社会因素是主导建筑创作发展的决定性因素,它全面作用于建筑创作的各个领域,并主导建筑创作的发展方向,因而建筑创作总是带有社会的标签。

1991年伴随着苏联的解体,俄罗斯社会进入了急剧的转型过程之中,因此,从20世纪90年代至今的社会发展阶段被称为当代俄罗斯社会的"转型时期"。而这种转型,不仅体现为社会体制、政治格局、经济制度的激烈动荡和深刻变化,更引发了人们思想意识、社会心理的强烈震撼和深刻的矛盾、困惑和冲突。社会的转型变化作为一种先导,其影响必然逐步反映在与之相关的各个领域。置身于社会环境中的建筑创作活动必然要满足特定社会的功能要求,表征社会的时代精神,体现现时社会的变化及特点,同时也反映对这些变化和特点的反思与理解。当代语境下的俄罗斯建筑创作是与俄罗斯社会转型的特殊阶段相关联的,在社会因素的深层制约下,其发展必然随之产生各种"转型"效应。这种"转型"效应的实质是建筑师创作观念在社会体制、社会经济、社会心理因素的共同作用下,在大众社会价值、审美心理产生转变的影响下,而出现的一种创作理念的深层次的变化。从社会视阈来看,建筑创作的"转型"不仅意味着一种变化,同时也意味着一种建设,它是对未来的一种可能性的期盼。由此,始于1991年的俄罗斯社会转型对于当代俄罗斯建筑创作而言具有重要意义,这一时期的建筑创作发展带有明显的与社会发展的特殊阶段相关联的变化性与独特性。

3.1 社会因素对建筑创作的作用机制

3.1.1 社会维度的宏观制约

宏观上来讲,建筑创作的社会维度是社会发展的各个方面对建筑创作的制约作用,建筑创作的社会维度包括现行政治、社会制度、社会心理、政府意识、经济变迁等一系列对建筑创作起到主要决定作用的社会因素的集合。可以说,建筑创作的社会因素是一个时期建筑创作发展的决定因素，它决定了建筑创作的主流样式、发展方向。宏观的社会维度对当代俄罗斯建筑面貌的决定作用是内在的，在任何一个国度，我们都不难发现：建筑创作的繁荣和社会权力有着直接的关系，现行政治的开明程度、政府对经济的发展程度对建筑创作发挥着很难看见的深层制约作用。

从俄罗斯建筑发展来看，社会因素对建筑创作的支配作用贯穿在历史的每个阶段，其建筑思想的演变充满了浓厚的政治色彩，建筑的风格甚至是体现了行政领导的审美。苏联解体以后，新的政治、经济体制的不完善与旧体制作用影响的惰性形成了激烈的矛盾，对建筑与城市发展产生了较大的冲击。其冲击作用集中表现在上层建筑在新的政治、经济体制不确定性对新形势下建筑与城市发展的预测缺乏估计，对新形势下建筑发展所带来的问题缺乏必要的准备 [2]。进入 21 世纪，由于普京总统实行了一系列的新经济政策，获得了一段时间的经济增长，于是建筑业也重新景气起来，房地产急剧升值，开发商、投资商大量开发商业区、住宅区、办公楼，社会因素极大地促进建设事业的繁荣。同时，市场经济活动的不正规性，建筑法规的不健全，社会道德思想、审美品位的混沌，幼稚的民主政治与独裁专制的平行发展等市场经济初级阶段的种种弊端又给建筑创作的发展带来了严重的阻碍。当代俄罗斯建筑创作的快速而又混乱的发展状态正是对当代俄罗斯社会的审美形态和社会价值结构的反映。当代俄罗斯建筑创作的各种理论、思潮、倾向，都离不开当代俄罗斯这个特定的社会背景。正是这样的社会背景为当代俄罗斯建筑创作的发展提供了现实的条件。

3.1.2　社会维度的微观作用

从微观层面分析，具体到某个建筑创作，社会维度的决定作用则体现在城市面貌的决策者或者业主的主导作用，这同样对微观的具体建筑起到至关重要的作用。广义的业主既包括委托设计并提出设计要求的投资者或投资者的代理人，也包括审查设计，以法律、制度和措施对建筑的实施及运转起保证监督作用的政府主管部门。建筑从来就是为业主而设计建造的，有什么样的业主，就会有什么样的建筑和什么样的建筑师，业主是建筑创作的不可忽视的重要主体。在建筑项目的最初阶段，业主就会为未来的建筑确定方向，提出各种功能和造型方面的要求，对建筑的成败起着重要的作用。可以说，建筑是在建筑师和业主共同努力下诞生和成长起来的。在某种意义上说，业主代表了社会的需要，反映了社会的政治、伦理、经济和思想水平，决定了建筑创作的方向。在政府权力机构对建筑创作的决定作用日渐减弱的今天，市场经济却大大提升了投资者的作用。笔者在俄罗斯进行建筑考察时曾对圣彼得堡列宁格勒设计院院长、俄罗斯功勋建筑师尤里（Юрий）进行访谈，在谈及建筑创作的发展方向时，尤里院长不止一次谈到投资人的重要作用,他强调道:"创作什么样的建筑,要看投资者的需要,当代俄罗斯建筑具有比较灵活的创作余地，但是建筑创作向什么方向发展首先要看投资者需要什么，其次才是相关部门的审批。"

3.2　社会转型与建筑创作的机制关联

3.2.1　建筑创作转型的社会体制根源

3.2.1.1　当代俄罗斯极端的社会转型

社会转型是指社会制度、结构、运行机制和文化价值体系从一种类型向另一种类型转变。苏联解体后，独立的俄罗斯在 20 世纪末经历了从社会主义走向资本主义的转型。作为苏联实体继承者的俄罗斯在苦涩改革后果中谋求转型路径，从而采用"突变性"激进改革模式，彻底否定了过去的社会主义政治制度和计划经济体制，全面、快速地实行私有化和市场经济体制改革。这一变革不但彻底改变了俄罗斯原来的社会面貌，而且导致全面的社会震荡，经济大幅下滑，通货膨胀严重，人民生活水平急剧下降，政治斗争混乱无序，激烈冲突时有发生。经济上的休克疗法和东亚金融危机引发了俄罗斯的经济危机，并导致了俄罗斯全面的政治社会危机。直至 2000 年普京担任总统以后，在基本遵守现有的民主秩序的前提下实行"软专制"，加强宏观调控，扶持民族工业和高新技术产业，从而使俄罗斯基本步入文明、法治的轨道，经过近十年动荡的俄罗斯社会开始趋于稳定上升，并在近几年能源经济的带动下呈现出繁荣的经济局面。

俄罗斯的改革具有明显的"突变性"，这种社会转型的"突变性"特征来源于其特殊的历史传统、社会基础及经济发展因素，在形式上表现为体制的急速转变而导致政体的非连续性、社会结构的转型而导致的社会严重分化以及国家、社会与个人关系的改变而导致的利益矛盾外显化。在实质上是其发展道路上的"西化"与治理体制的"东方化"矛盾，即历史上固有的发展路径间断性、跳跃性轨迹的真实表达 [3]。但是，这种"突变性"同时意味着不完善性，在政治上，原有的宏观控制体系瓦解，而新生的民主政治并不完善，在很多领域不得不依赖原有的政治手段。在经济上，当代俄罗斯在近十年的社会转型并没有完成向"市场经济"的转化，美国社会学家伯拉沃依认为，尽管俄罗斯经济表面上实现了由国有化向私有化的转变，但却并未产生出具有更高生产力的机制与组织，根本没有建立起与市场经济相适应的符合国家发展的有效率的新的机制，在原有"宏观调控"的解体下，市场却不能独立完成主导经济的任务。在新旧体制交替的过程中，旧的体制不可能在短期内快速地退出历史舞台，而新体制又不可能在一夜之间有效地发挥作用 [4]。由此，当代俄罗斯社会是在原有体制和"突变性"转型的夹击中寻求创新发展的道路。

"突变性"的社会转型所带来的并发效应体现在社会的各个领域，在城市建设中则表现为权力对建筑创作的决定作用从主导性决定向隐性化制约转化，这无疑为建筑发展提供了更大的自由空间，但是，权力的决定作用并未消失，市场的制约作用已经显现，当代俄罗斯建筑创作在权力与市场经济的双重约束下探索发展，从而显现出"双面性"的外显特征。

3.2.1.2 当代俄罗斯分化的社会构型

社会转型是各种社会利益关系的重组和分化过程，转型初期的私有化变革使俄罗斯从一个高整合低分化的社会，转向分化加剧的社会。我们在认识俄罗斯从"社会主义"到"资本主义"的转型时，应该认识到两个社会构型的关系，对于俄罗斯来说，这不仅仅是历史的分期范畴，它包含了认识社会的态度和建构社会的方式。俄罗斯的地理位置和形成过程决定了其社会的分裂性，并成为转型后社会构型分化的基础。俄罗斯地处东西方文明的交界处，形成了兼有两种文明的文化和社会关系成分的一种特有的中间文明。这种文明缺少本质联系，社会无法克服文化与社会关系之间的矛盾，因此分裂成为俄罗斯社会价值观念的表象，当对立的价值观念出现分裂时，社会与国家之间、民众与权力精英之间、民众与思想精英之间、精英与精英之间就会产生混乱。苏联解体以及随之而来的社会转型过程打破了俄罗斯原有的社会价值体系，又没有形成新的社会价值体系取而代之，因此导致社会构型在混乱多元的价值体系中出现分化。社会变革使俄罗斯社会从一个泛国家的一元社会向多元因素决定的社会结构过渡，社会结构演变为多层次的结构。

首先，社会阶层的分化是社会构型分化的重要标志，这是经济"私有化"转轨过程中利益调整的直接结果，社会阶层从原有社会主义国家高度整合的无产阶级分化出不同阶级利益的社会阶层。一方面，在社会转型过程中，由于私有化的推行及经济转轨过程中寻租活动的猖獗，一小部分人利用各种手段将大量国有资产占为己有，形成若干金融工业寡头，使俄罗斯迅速分化出一个新贵阶层。另一方面，作为社会稳定基础的中产阶层直到1998年8月经济危机时还仍然处于从零开始的萌芽阶段[5]。与此同时，转型前期的经济全盘崩溃使人民生活水平显著下降，并产生了社会贫困阶层。目前的中间阶层充其量仅占总人口的20%，贫困人口则占60%以上，富裕群体只有6%～7%。社会阶层在社会多元分层空间中呈现集束状态，是典型的刚性社会分层结构。社会转型时期分配制度和社会保障改革的滞后和政策欠缺，导致收入差距急剧扩大，贫富分化，基尼系数从转型初期的0.28爬升到2000年的0.45，10%最高收入阶层与最低收入群体之间的差距从1991年的4倍扩大到2001年的14倍[6]。有学者认为远不止这样的数目，急剧扩大的贫富差距导致当代俄罗斯社会阶级构成不再是以无产阶级为根本。

其次，社会构型的分化决定了俄罗斯地区发展的不均衡，这导致俄罗斯的社会转型趋势是一些大城市成为西欧类型社会发展的"前哨"，莫斯科、圣彼得堡等重要城市成为当代俄罗斯发展的榜样地区，仅从城市建设的角度来看，建筑活动并不是很平均地分布在俄罗斯各地，而是相对集中在几个地区，尤其是大城市和一些自然资源较丰富的地区。以 2007 年为例，建筑业总产值的 14% 集中在莫斯科，其次为圣彼得堡和莫斯科省（各 7%），建筑业活动最为密集的前十大地区占了建筑业总产出的 50%。而在这些城市的周围是一些保留了相当多俄罗斯传统秩序，甚至苏联时期传统秩序的"停滞"地区 [7]。俄罗斯地区发展部发布报告指出，由于俄罗斯各地经济发展不平衡，很多小城市面临严重的财政困难，各地区经济发展不平衡的状况仍在扩大。

社会构型的分化是当代俄罗斯经济、文化分化发展的基础，正是由于这样的分化，使当代俄罗斯城市建设出现了分化发展。这种分化建立在以社会结构为块茎的有机系统之上，并在社会转型的进程中具有了多种表现。总之，社会构型的分化反映了宏观文化视野的转型，从而外显于建筑创作的发展之中，成为新时期建筑创作分化发展的社会根源。

3.2.2　建筑创作的机制转型

社会体制的转型发展表现在建筑创作领域，则体现为建筑创作机制的转型。由于俄罗斯特殊的历史传统、社会基础等因素，极端的社会体制转型具有明显的"突变性"特征，这种"突变性"对建筑领域的影响主要表现在两个方面，一方面导致了建筑创作机制"蜕变"过程中的双轨运行；另一方面表现为建筑创作机制转型的不完善性。

3.2.2.1　创作机制的双轨运行

建筑创作转型在建筑创作的管理机制方面，表现为管理体制从中央操控的垂直管理转向地方自治的平行管理；在建筑创作的运营机制方面，表现为运行机制由计划统筹变为市场运作。结合历史和现状来看，建筑创作的这种"转型"顺应了社会发展的必然性和应然性，但是，由于社会体制转型的"突变性"特征，导致建筑创作机制在转型过程中的双轨运行。一方面权力对建筑创作的控制作用从理论层面瓦解了，而另一方面市场运作的体系还没有完全建立起来，因此在实际运行层面，仍要依赖过去的机构体系。建筑创作仿佛在脱掉"政府"外衣、穿上"市场"外衣的同时，却要依赖"政府"骨架运行。因此社会体制转型的突变性使建筑创作在俄罗斯转型时期的社会语境下不得不面临"权力"与"市场"的双重压力，这种双轨运行的建筑创作机制的"转型"过程从一定程度上阻碍了转型时期建筑创作的发展。建筑师在双重的枷锁下，不得不满足所有人的要求：开发商要求尽快得到政府批准、尽快出图；政府官员要不断修改方案以满足政府或者某个机关对建筑的调控。现行的运行机制中参入的利益和政治因素，使建筑师在不断的方案调整、报批和赶工的状态下，创造性和使命感逐渐被耗尽，在双重枷锁的控制下很难实现自己的设计构想，往往是在平衡审批的标准和表达业主的思想，这从一定程度上导致了当代俄罗斯建筑创作整体水平不高的局面。近年来，随着社会体制发展逐渐步入正轨，建筑创作中来自长官权力控制的禁锢慢慢消减，随着商品经济的快速发展，建筑创作中的市场因素正在不断扩大，这将引导建筑创作机制逐渐摆脱双轨运行的模式，而倾向市场运行机制的合理建构，从而推动俄罗斯转型时期建筑创作发展转向合理的轨道。

3.2.2.2 创作机制的转型缺失

俄罗斯社会体制转型的"突变性"，使不确定性弥撒在所有的与其关联的层次、形式和领域当中。俄罗斯转型时期的建筑创作虽然逐步摆脱了社会主义时期"自主封闭"的发展状态，融入全球化、市场化的发展潮流之中，但是社会体制转型的"突变性"却使建筑创作机制的"蜕变"带有明显的不完善性。建筑创作的机制的"蜕变"在尚未寻求到确定的发展方向之时就已经开始了，于是，建筑创作机制的建构是在变革中摸索，这必然导致在社会转型阶段的当代建筑创作不可避免地存在一些体制问题。

首先，相关的建筑法规建设不健全。俄罗斯的建筑法规条条框框做得很细致，但是华而不实，实用性很差。1995 年 10 月 18 日俄罗斯国家杜马通过了《俄罗斯联邦建筑活动法》，该法律在建筑项目形成、建筑活动许可、从事建筑活动的公民和法人的权利与义务等各个方面对建筑活动进行了法律约定，虽然条款规定非常细化，但是其具体条款在实施过程中却无法得到保障。比如，该法在保护建筑创作自由方面规定：不允许无根据地在建筑计划任务书中对建筑样式和结构进行决定、对建筑项目的内部设备和装修提出要求或其他条件，以限制业主和建筑方案设计人的权利。但是建筑师在实际项目的创作中却极大的受到政府审核部门的制约。政府为了更好地管理好建筑市场，成立了无数个委员会、管理小组、协会等组织机构，所有这些组织的运作都是以不成文的、甚至没有被通过的、不为人知的规定和法律为准则来进行的 [8]。这样的建筑法规环境使建筑创作的法规执行充满了官僚主义作风，严重缺乏灵活性。在建筑法规方面则表现为建筑法规的执行普遍存在保守却不规范的问题。这直接导致了建筑创作行业中的不正当竞争现象，也严重影响了建筑创作活动的繁荣发展。此外，政策法规的多变也是建筑创作机制不完善的一个显著表现。

其次，建筑评论机制建构不完善。建筑创作活动在经济的带动下日渐繁荣，但是，建筑的评论与研究却非常匮乏。不仅尚未建立起建筑评价体系，而且现有的建筑评价也缺乏必要的科学性，特别是对建筑规模、尺度、能耗、结构合理性、构造精致性、方案的技术经济性等缺乏有效的评价。目前，俄罗斯在建筑学术刊物上建筑评论类文章主要是设计人对自己设计作品的介绍或者国外建筑作品的介绍，缺乏具有一定深度的、比较客观全面的、适合于俄罗斯特定环境的建筑评论。

最后，建筑审查体系架构不规范。对于建筑创作除了必要的审查阶段以外，还设立了各种繁复的审查环节,审批手续的烦琐、审批关卡的繁多以及审查部门的效率低下,导致俄罗斯转型时期建筑创作周期漫长,极大地限制了项目建设速度,从而在一定程度上阻碍了在城市建设上的外来投资。同时,各类审查机构的管理层建筑素养参差不齐,缺乏基于建筑本体层面的思考,必然导致在审查中对建筑创作的干预具有较强的目的性,审查部门的过度干预限制了建筑创作的灵活性和自由度,从而延缓了建筑创作向市场化发展的脚步。

但是从长远的发展方向来看,建筑创作机制正在向合理的市场化体系运行发展,这种建筑机制"蜕变"过程中的不完善性是暂时的,也是在社会转型背景中不可避免的,总体来看,建筑创作机制的"蜕变"在经历不完善的过渡之后的发展是创造性的、进步的,而不是毁灭的、倒退的。

3.2.3 建筑创作的分化发展

社会构型的分化是俄罗斯审美文化分化的基础,这种分化是建立在以社会结构为块茎的有机系统之上,并在社会转型的进程中具有了多种表现。正是由于这样的分化,使俄罗斯城市建筑在转型时期出现了分化发展。社会阶层的分化发展带来了新的建筑审美,并由此带来新的建筑创作风格的产生。正如韩林飞教授在《90 年代俄罗斯新建筑》一文中描述的一样:"俄罗斯新贵阶层的出现,为俄罗斯新建筑的发展提供了许多机遇。俄罗斯新贵阶层的建筑成为苏联解体后俄新建筑的一个重要组成部分。"[9] 由此,可以说转型时期的俄罗斯在建筑领域已经分化出为新贵阶层服务的新建筑。而由社会构型的分化发展所决定的俄罗斯地区发展的不均衡性则带来了转型时期建筑创作的非均衡发展。在新建筑鳞次栉比的莫斯科等主要城市,建筑成为演绎各阶层、各行业特征的工具。而在发展相对"停滞"的其他地区,建筑创作则在传统手段与地方特色中寻找自身的意义。总之,当今世界上很少有哪个国家的建筑发展像俄罗斯转型时期的建筑创作这样存在明显的分化。

3.2.3.1 为新贵阶层服务的建筑创作

苏联解体以来,俄罗斯社会体制的转变打破了原来社会主义国家一元化的阶级构型,更摧毁了社会大众共同富裕的梦想。经济"私有化"转轨过程中,利益的调整直接导致了社会阶层从原有社会主义国家高度整合的无产阶级分化出不同阶级利益的社会阶层,阶级构型呈现底部巨大的金字塔状的阶级构成(图 3-1)。在社会阶层的分化中,新贵阶层的形成与蜕化不仅对社会政治、经济领域产生了巨大的影响,同时也为城市建筑领域带来了不容忽视的转变。

图 3-1 转型时期的社会阶级构成

首先，从积极的意义来看，新贵阶层的出现为当代俄罗斯新建筑的发展提供了许多机遇。巨大的消费能力和雄厚的经济背景带动了建筑的发展，当代俄罗斯出现了一批为新贵阶层服务的新建筑，这些新建筑以其多姿的建筑形象、丰富的建筑色彩、豪华的装修成为苏联解体后的俄罗斯新建筑中的一个独特部分。在城市中，这类新建筑主要表现为新的宾馆、酒店、豪华商住楼、办公建筑以及改建后的城市府邸等，在郊区则是别墅、度假村建筑。由于新贵阶层对欧洲传统审美倾向的喜好，促进了当代俄罗斯文脉主义的发展。为新贵阶层服务的高档住宅、商场、办公楼以及银行的建筑创作上都非常流行古典主义的风格，注重与周围历史环境的协调，其中不乏一批具有较高审美价值的新建筑。

莫斯科 Zholtovsky 住宅位于莫斯科市中心的历史街区，建筑创作表现出对历史文脉的追求与尊重，是俄罗斯转型时期新建筑中文脉主义的典范作品（图 3-2）。5 层高的住宅建筑以和谐的建筑体量使这栋住宅恭谦地耸立在传统的街区环境之中，建筑师将基本的古典元素同传统街区文化的装饰艺术形式融合在一起，来自各个时期的高雅的设计元素都和谐地共存在这个建筑物的正面，从而使这栋建筑成为街区内的视觉焦点。而带有阳台的圆形大厅却通过造型展现了建筑的奢华追求，一脉相承的圆形边界赋予了该建筑浓厚的地区特征，由此，这座新建的住宅同周围充满传统文化气息的建筑结合成了一个整体。建筑师用独特的现代建筑语言和现代建筑材料体现了对传统文脉的理解、对历史环境的尊重和对文脉主义的追求，利用高雅而朴实的创作使这座住宅楼成为一个富有艺术感的古典主义新建筑。

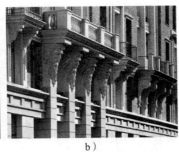

a）   b）   c）

图 3-2　莫斯科 Zholtovsky 住宅[10]

a）建筑外观　b）壁柱细部　c）建筑平面图

其次，新贵阶层在推动文脉主义发展的同时，也限制了当代俄罗斯建筑创作的整体水平。这些新贵族们暴富之后的自大心态以及自身文化修养的薄弱往往使他们对建筑设计缺乏想法，同时对当今世界建筑发展缺乏了解，这就形成了当代俄罗斯建筑创作中追求历史主义的一个缘由。对欧洲式装饰的追求带来古典主义装饰风格的流行，大量的建筑以现代的建筑材料和形体构成模仿 18 世纪贵族气派（图 3-3），体现了新贵们的欣赏品位及其对昔日贵族生活方式的向往。但是这种模仿从某种程度上来讲限制了当代俄罗斯新建筑的多元化发展，这样的审美倾向同样也成为近期俄罗斯新建筑中缺乏令人激动的顶尖建筑的一个原因。

a ） b ） c ）

图 3-3　古典主义风格

a ）"总统"商务中心 [11]　b ）Paveletskaya 广场的行政楼 [10]　c ）Petrogradskaya 街上的住宅 [12]

　　位于莫斯科 Golutvinsky 路上的多层停车场，由于对古典主义的刻意模仿和鲜艳的颜色对比，使它从周围古旧的建筑中脱颖而出，成为街区中令人印象深刻的建筑（图 3-4）。然而，这个富丽堂皇的建筑却向人们展示了一种建筑功能和形式的脱离：艺术化的古典主义装饰元素、双子教堂形式的玻璃窗、复杂的线脚以及各种大小的拱窗装饰，从建筑形态上看，我们几乎无法想象它仅仅是一个可以容纳 445 个车位的多层停车场。位于市中心为新贵阶层服务的项目定位成为这个多层停车场豪华建筑表现的社会根源，新贵阶层的审美取向引导为其服务的建筑在创作上走向对古典主义贵族气质的盲目追求，在这种盲目的追求下，

图 3-4　莫斯科的多层停车场 [10]

古典风格的审美表象本身就存在着欺骗性。在新贵阶层追求贵族气派的驱动下，建筑形态已经超出了一般理性的状态，而沦为对古典主义贵族气质的嘲讽。基于对古典主义的过度迷恋和对于视觉冲击力的追求，部分为新贵阶层服务的建筑创作最终走向了畸形的发展。

3.2.3.2　建筑创作发展的不均衡性

　　社会构型的分化不仅为当代俄罗斯的建筑创作带来了为新贵阶层服务的新建筑。更值得我们关注的是，社会构型的分化还导致了当代俄罗斯建筑创作在创作水平和地

区发展上的不均衡性。

　　一方面，在俄罗斯转型时期房地产市场的兴旺发展下，许多备受关注的大型项目纷纷上马，具有国际水平的优秀作品（图3-5）不断涌现。与此同时，俄罗斯转型时期的新建项目大多创作水平不高（图3-6），这些建筑不是延续"莫斯科"风格的模仿秀，就是运用并不先进的技术手段创作水平不高的现代主义建筑。因此，在当代俄罗斯，部分大型建筑项目高水平的创作方案同建筑创作整体水平不高的现象形成了强烈的对比，在当代俄罗斯的同一建筑语境下形成了建筑创作水平上的分化。

图3-5　俄罗斯转型时期的高水平创作

a）水晶岛项目方案[13]　b）水银城市大厦方案[14]　c）联邦大厦方案[12]

d）Vershina贸易娱乐中心方案[11]　e）新马林斯基剧院方案[15]

　　另一方面，地区经济发展不平衡使当代俄罗斯的建筑创作在各地区的发展存在不均衡性，从而带来建筑创作在不同城市的分化发展。莫斯科、圣彼得堡等重要城市依托地区经济的繁荣发展和大量的外来资金投入进行大规模的建设，这些建设项目不仅具有国际化的建筑创作理念、多元化的创作手法、先进的建筑技术支撑，更重要的是它们具有从方案走向实践的物质平台。于是在这些重要城市的新建筑成为带动当代俄罗斯建筑创作发展的"先锋"，在全球化的语境下，表现出建筑创作发展的互动性，超越民族与国家的文化根基，构建当代俄罗斯建筑创作前所未有的现代化景象（图3-7）。而在俄罗斯其他经济不发达地区则保留了相当多的俄罗斯传统秩序，甚至是苏联时期的传统秩序。这些城市的建设活动寥寥无几，城市面貌几乎停滞在社会转型之前，很多小城市由于面临严重的财政问题而无暇顾及城市建设的发展。这些地区的新建建筑没有什么风格上的变化与创新，几乎延续了俄罗斯传统的建筑文化。但是值得庆幸的是，在远离经济利益驱动的这些地区，建筑发展成为具有历史积淀的需要，没有过多外来文化的影响，本土建筑师却在历史的积淀中开拓了当代俄罗斯地域建筑的发展之路。

图 3-6　俄罗斯转型时期建筑创作整体水平不高[16]

a）Platforma 鞋业市场　b）VMS 购物中心　c）乌里茨克第 9 街区 3-6 公寓

d）Raznotchinnaya 街公寓　e）Lensovet 街公寓楼

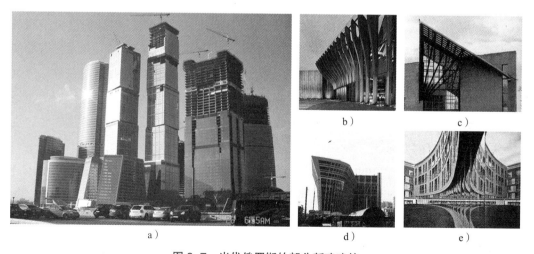

图 3-7　当代俄罗斯的部分新建建筑

a）莫斯科市中心高层建筑群　b）水银剧院[17]　c）莫斯科退伍军人活动中心[18]

d）Kitezh 贸易商务中心　e）莫罗琴伊 - 多姆公寓楼[19]

3.3 社会经济转轨与建筑创作的发展关联

3.3.1 建筑创作市场化发展的社会经济根源

俄罗斯社会转型在经济方面表现为从计划经济向市场经济的转轨，在政治制度的变迁下，通过一系列的制度改革和创新，俄罗斯走出了计划经济本位论的樊笼，开始了向市场经济的转轨历程，以实现理顺生产关系、完善经济调节机制、解放生产力、融入经济全球化和提高国际竞争力的基本目标。经过了十余年的发展，俄罗斯的经济转轨已确立了本国的市场化和全球化方向，客观上说已经选择了有效配置资源的经济机制和国际环境，为其未来的经济发展提供了制度性基础 [20]。社会经济的转轨打通了计划经济体制下的诸多阻碍经济发展的瓶颈，促进了生产力的发展、优化了社会资源配置、活跃了市场，使多年难以解决的短缺经济在较短时间内得到解决。由此，俄罗斯学者提出，以私有化、自由化和稳定化政策为基础的制度再造以及经济结构重塑对于经济增长和成功具有极端重要性，如果缺乏剧烈而深刻的宏观体制变革，那么建立保证经济增长与居民生活稳定提高的市场经济就难以实现 [21]。

3.3.1.1 当代俄罗斯市场经济的确立

建设和发展市场经济成为席卷全球的历史潮流，它迫使一切民族，如果它不想灭亡的话，转向市场经济 [22]。俄罗斯的市场经济是在苏联经济的行政命令体制崩溃过程中产生的，可以说它产生于强大的国家体制削弱和瓦解的过程之中。解体前，苏联国民生产总值连年下降，国民收入急剧降低，工农业总产值、基本投资、对外出口等都有不同程度的下降，生产的下降导致市场供需极不平衡，商品供给紧缺，物价失控。1991 年消费品和收费服务零售物价总指数比上一年上涨了 92%，食品价格更是高涨1500%。国家财政金融状况继续恶化，赤字总额不断上升；国家行政治理体系已开始崩溃，面对如此紧张的社会经济局势，俄罗斯实行了激进的经济体制改革。在政治体制变迁的推动下，各政治派别不仅就经济改革的市场目标达成了共识，并且快速向市场经济转轨的主张也已占主导地位，实现并发展市场经济这不仅是政治的急迫需要，也是合乎历史逻辑的发展。

俄罗斯经济经历了 1990 年代初期的崩溃后，在 1999 年踏上了复苏之路，连续 8年的恢复性增长，并以年均 6.4% 的增长速度成为世界上经济增长最快的国家之一。由此可见，市场经济的确立为俄罗斯奠定了新型的经济基础和经济机制，并使俄罗斯经济在经历了短期衰退之后重新步入稳定增长轨道。2003 年 10 月，美国高盛公司发布的研究报告将巴西、俄罗斯、印度和中国并称为四个新兴的"经济巨人"，复合成世界经济中的一个新词汇——"金砖四国"（BRICs）。[20] 由此，俄罗斯经济转轨已经取得初步成效，市场经济框架初步建成。国有产权改革基本完成，多元化的产权体系确立起来，经济活力逐渐增强。政企分开、政事分开已经确立，政府对经济的直接干预和参与极大减少，服务型、透明型小政府逐渐成形，市场主导型、法制型经济发展调节机制基本形成，商品与服务的市场价格机制基本形成，计划经济时期的生产要素与产品分配扭曲机制得到了很大转变，对外开放经济格局也已形成，社会意识形态、居民价值取向和行为方式均发生了根本变化 [26]。

在从计划经济到市场经济的转轨中，城市建设也发生了不容忽视的变化，市场经济体制的确立不仅给建筑创作带来了新的市场环境，同时也给建筑创作带来观念上的更新和转变。

3.3.1.2　当代俄罗斯商业发展的复兴

俄罗斯经济转轨采用了激进式的改革，这种改革是建立在对以前经济体制完全毁灭的基础之上的，由此引发了 1991 年到 1998 年间国家经济的全面崩溃、商贸活动衰落、商品极度短缺。1998 年经济危机之后，随着市场经济体制的确立，逐渐开放的市场促进了俄罗斯商贸活动的发展，解决了苏联后期因经济结构不合理带来的商贸建筑缺乏的矛盾。商业的发展从一定程度上推动了俄罗斯经济的逐渐复苏，消费水平稳步上升，俄罗斯经济步入新的发展时期。随着普京上台后的各项经济政策，俄罗斯经济更是以能源为依托出现了飞跃发展，这是最近 30 年来俄罗斯经济增长最快的时期。截至 2007 年，俄罗斯经济状况已经全面恢复到历史最高水平，GDP 达到 33 万亿卢布（约合 1.3 万亿美元），重新进入世界十大经济体之列 [23]。这给俄罗斯社会带来了剧烈的变化，社会经济各项指标不仅仅是好转，许多分析家惊呼俄罗斯经济出现"奇迹"。在良好的经济环境中，俄罗斯商贸活动异常活跃，商业成为整个国家最活跃的经济部门，其重要性是显而易见的。商业的发展不仅推动了经济的发展，同时促进了城市建设的发展，如今俄罗斯已成为全球发展最快的商业房地产市场之一。

首先，商业的发展带动了商业建筑的迅速发展，这不仅表现在商业建筑规模的扩大和数量的增加，还表现在商业建筑创作的不断发展。在俄罗斯各地迅速出现了许多不同类型、规模各异的商店、商业中心、大型批发市场等，新建的商业建筑形式多样、色彩明快、构图简洁，具有典型的现代商业建筑的特点，为俄罗斯单调的、色彩灰暗的城市形象带来了生机。

其次，商业的发展促进了新的建筑类型的衍生。商业的繁荣促进了新商业模式的出现，从而产生新的商业建筑类型。2002 年欧尚作为第一家外资零售企业向俄罗斯引进了大型综合超市业态，促进了当代俄罗斯大型超市建筑的出现和发展。随着汽车商品交易的繁荣，新建的汽车专营店以其现代、轻巧的独特气质为当代俄罗斯商业建筑的发展增添了色彩。另外，商业的发展从单一化走向各业态的综合化发展，这必然推动了新型商业综合体建筑的出现，综合各种不同功能的建筑综合体更加有效地配置各项资源，从而使建筑使用达到更优化的模式。伴随市场经济发展而产生的这些新的建筑类型，进一步促进了俄罗斯房地产市场的培育与发展。

3.3.1.3 当代俄罗斯外来投资的兴起

1999 年以来俄罗斯经济的出色表现不仅对其国内政治经济局势和对外政策产生了重大影响，而且引起了一些重要的国际经济组织的高度关注。2002 年，美国和欧盟分别正式承认俄罗斯的市场经济国家地位；2003 年，国际信用评级机构穆迪公司一次性将俄主权信誉等级提高两个级别，由适合投资的 BA2 级提高到适合投资的 BAA3 级；美国权威的 A.T. 科尔尼咨询公司所做的投资信心调查表明，俄罗斯在世界投资吸引力排行榜中的位次已经从 2002 年的第 17 位上升至 2007 年的第 7 位，进入世界最受欢迎的十大投资地之列。[20] 西方商界不仅开始议论"俄罗斯经济现象"，而且开始大举进入俄罗斯这一新兴投资热土。根据俄联邦统计局公布的数据，与 2006 年相比，2007 年的资本净流入增加了一倍，达到 823 亿美元，其中外国直接投资为 471 亿美元，占国内总产值的 3.3%。[20] 大为改善的投资环境，吸引了英国、荷兰、塞浦路斯、卢森堡、瑞士、法国、德国、爱尔兰和美国等国家的投资目光，外来投资热日渐高涨。近年来，中国也逐步提高对俄罗斯经济的关注度，加大了对俄罗斯的投资力度，双边贸易潜力巨大，中国在俄投资正在逐渐增加，在俄投资的中国企业越来越多，截至 2009 年 3 月，中国在俄罗斯直接投资额达到 17 亿美元，中国政府提出到 2020 年将对俄投资额提高到 120 亿美元。

经济全球化带来全球化的自由竞争和公开市场，促进了人类资源在全球范围内的合理配置。外来投资的兴起在促进俄罗斯经济发展的同时，加速了当代俄罗斯建筑创作的多元化发展。各类海外集团的进驻和海外投资的进入，使俄罗斯各地迅速出现了许多不同类型的、规模各异的新建建筑，这些新建筑成为这一时期俄罗斯建筑创作中最活跃的因素而改变着城市的建筑面貌。由于建筑的投资者和客户群体的灵活多样，给建筑创作提供了更加灵活的创作可能，这极大地推动了适应时代发展的建筑创作。同时世界经济全球化促进了技术的迅速发展和文化的广泛传播，在建筑领域表现为建筑理论的广泛传播、建筑创作的时空范围日益拓展、建筑创作的手法层出不穷、建筑技术的发展日新月异，这一切无疑成为当代俄罗斯建筑创作发展的主要动力。

3.3.2 建筑创作的市场化转轨

建筑创作离不开社会环境的需要，社会经济是建筑发展的物质基础，因此建筑以及作为手段的建筑创作必然受到社会经济活动的制约。当代俄罗斯经济体制的转轨，不仅给建筑创作带来了新的市场环境，同时也给建筑创作带来观念上的更新与转变。

正是在社会经济体制的变革与发展中，市场规律表现出对建筑创作发展的制约作用，从而促使当代俄罗斯建筑创作从"计划控制"走向"市场决策"。

3.3.2.1　建筑创作的市场化运行

市场经济通过市场配置社会资源的经济形式，它是竞争性价格、市场供求、市场体系等一系列市场要求及其相互关系的总和。经济活动中的市场主体之间存在自由竞争，通过竞争决定市场主体或生存发展或破产淘汰。建筑创作过程是一项复杂的系统工程，其运作过程在市场经济环境中显得复杂而多变。市场经济在俄罗斯的确立与发展，给建筑设计机构及建筑创作的发展带来了观念上的更新和体制上的转变。各政府部门和建筑师逐渐接受和认识市场规律对经济的决定作用，并开始接受市场规律对建筑发展的制约，促使建筑创作从原来的"计划控制"走向"市场决策"。

同时，在市场经济的影响下，资金情况成为建筑建设和创作活动的根本动力，对利益的追求为建筑创作贴上了市场化的标签，为了获得经济利益、促进区域经济发展，各政府部门给不少重大投资的建筑项目开绿灯，建筑创作运行过程中的调节方式不再是行政手段而是依据市场需求为特征。建筑创作的市场化发展顺应了社会发展的必然性和应然性，改变了从前"计划创作"时期思想保守、设计缺乏多样性的弊端。从正面意义看，通过市场这个载体，利益与竞争成为建筑创作运行的基本动力，这促使建筑创作形成一种开放式的、自我平衡的有效运行系统，并逐步与国际接轨。"市场调节"下的建筑创作具有较强的科学性与公正性，通过竞争体制使建筑创作更加专业化，有利于吸收国外先进技术与设计思想。建筑创作从"计划创作"向"市场决策"的转型给建筑创作活动带来了更大的自由，同时也促使建筑师正确面对市场调节作用，在创作中以"市场需求"为检验标尺，从而更加及时和全面地满足使用者的需要。

但是，值得关注的是，俄罗斯市场经济体制还并不完善。俄罗斯政府顾问、俄罗斯科学院经济所副所长 C·斯利韦斯特罗夫博士提出，俄罗斯目前还仅仅是市场经济的初生儿，市场经济还不完善，要建成成熟、发达、高效的市场经济，还需要漫长的跋涉[6]。因此，社会经济的市场化转轨在促进建筑创作市场化发展的同时还存在一定的问题。首先，不完善的市场经济体制反映在建筑创作领域，表现为没有形成规范的、良性运转的竞争体制，这导致建筑创作在激烈的市场竞争中面对不完善的市场调节。其次，在利益的驱动下和激烈的市场竞争下，建筑创作难免带有短期的功利性，这种功利性消减了建筑创作的文化性与艺术性，过多的商业利益和客户意志成为限制当代俄罗斯建筑创作整体水平提高的桎梏。

3.3.2.2　建筑创作的商品化思维

当代俄罗斯在建设活动繁荣发展的同时，建筑设计管理与市场秩序也受到商品经济规律的挑战和冲击，在这种情况下，建筑创作作为一种物质和意识形态，也必然受到市场经济的影响和制约，从而使建筑创作过程及步骤也被赋予了一些新的内容和要求。在市场经济体制下，建筑作为产品进入交换市场，必须通过商品经济的过程才能得以实现，从而具有了商品的属性。从商品化角度看待建筑，其创作、审美判断和最终决定都将受到商品法则的制约。因此，建筑创作必须具有商品化思维，必须把创造性的、理性的创作思维和理念引入市场流通的范畴来进行检验，从而将市场需求作为一个有利的创作工具，才能创作出优秀的建筑作品更好地在商品市场流通。在商品化思维的指导下，建筑创作过程必然受到两个方面的制约。

首先，建筑创作需要具有业主意识。"顾客就是上帝"是市场经济的一种价值意识体现。尽管这种意识体现在建筑设计过程中往往是建筑师尽可能地满足业主的各种合理要求，而不是全部要求。但是，业主的意愿将参与到设计过程中，并影响整个设计过程的结果。业主的需求通过建筑师作为媒介，转化为建筑的独特性，并可能成为所在地域的独特性。建筑师在"市场创作"的控制下往往很难实现自己的设计构想，往往是在平衡和表达业主的思想，业主的思想对建筑创作造成影响，有时甚至是关键的影响。而业主除了可能与建筑师一样希望表现自己的喜好和观念之外，还要受到利益等驱动而对建筑有所要求，建筑在市场准则下就具有商业性，它们以尽可能的不同和醒目的主题为特征，给人强烈的视觉冲击。

其次，建筑创作要具有良好的受众性。以商品化方式运作的建筑创作，必然要迎合通俗文化的消费，这从客观上刺激了多元化创作的发展。俄罗斯正在从商品消费的均一化、大众化转向个性化与多样化，从商品质量的物质价值转向其设计、样式、文化品位等非物质价值，即从物的功能性和合理性转向其文化含量。同时，在商品经济的影响下，公众对生活的追求不仅体现在对商品多样化的追求，同时体现在审美情趣和生活方式上对娱乐性的重视，正是因为这种公众需求，俄罗斯在近年来出现了大量的旅馆、剧院、赌场等休闲、娱乐建筑的兴建。

3.3.2.3 市场化转轨中的建筑创作新生代

俄罗斯从计划经济到市场经济的转轨给建筑创作主体的发展同样带来了不容忽视的变化。从 20 世纪 90 年代以来，随着建筑创作市场化发展的深入，新合同条款和新设计技术相继出现，建筑创作市场的从业结构也随之发生了显著变化。除了一些大型设计机构继续存在之外，以私有工作室为代表的建筑创作新生代应运而生。这些新生代主要是由 20 世纪 90 年代在大型设计机构中获得了经验，并且开始自立门户的年轻一代的建筑师构成，包括 Sergey Kiselyov 及搭档公司、Asadov 工作室等。这些个人或小型集体创作工作室大多数完成一些小型项目或一次性订单，但是由于他们完成的部分项目取得了商业成功并提出了创新的建筑解决方案，因此在业界逐渐获得了良好的声誉，并在转型时期的建筑市场显示出了强大的竞争力。相对于老一代成熟建筑师而言，新生代建筑师思维更加灵活，他们习惯于将建筑作为一种商品，因而，在市场化的经济环境中更加能够迎合市场需要进行建筑创作。与此同时，新生代建筑师在具备了项目经验和见识的基础上，更加重视同国外的信息交流，以获得大量国外最新的、最先进的建筑信息，从而具有更加国际化的审美品位和创新能力。在建筑创作逐渐从"计划控制"走向"市场主导"的转型时期，这些私有工作室大多致力于迎合私有公司对办公楼和富裕的俄罗斯人对奢华住宅的需求，由于在建筑创作上显示出的独特的艺术创造力，而成为俄罗斯转型时期建筑创作的重要力量，活跃在建筑创作的最前沿。

3.3.3 经济推动下商业建筑的繁荣发展

在经济转轨影响下，随着建筑市场的开放、商业的繁荣发展，当代俄罗斯的商业建筑取得了长足的发展，甚至可以说，商业建筑的发展变化已经成为当代俄罗斯建筑创作领域最引人注目的部分。

3.3.3.1 商业建筑的新发展

经济体制由计划走向市场，商业模式在俄罗斯经济转轨的这一时期发生了本质性的改变，市场的自由开放，改变了计划经济时期商品短缺的弊端，商品的丰富和消费活动的活跃，使原来的商业建筑从规模到数量都无法满足商业活动的要求，由此，1991 年以来，俄罗斯建设了大批各种类型的商业建筑。

（1）大型购物中心的兴建 为了满足日渐兴旺的商业需求，不断刺激市场消费，俄罗斯各主要城市兴建了一批大型购物中心。新建的购物中心规模不断扩大的同时，已经不再满足于单一的商品交换功能，增加了娱乐、餐饮、展示等一系列的服务功能，从而使俄罗斯转型时期的商业建筑发展带有明显的娱乐化倾向。商业建筑从狭义的商品交换空间走向广义的消费场所，由此，转型时期的商业建筑具有明显的现代消费文化的特点。全球化的市场不仅给俄罗斯商业带来了全球共享的商品，也为俄罗斯带来了国际化的商业建筑模式和创作理念，在消费文化的引领下，俄罗斯转型时期的商业建筑创作逐渐具有明显的大众化、娱乐性的特征，建筑造型和室内设计转向以视觉吸引为目的的创作诉求。这种创作诉求来源于商业发展引领下的以消费性和娱乐性为主要目的的文化，这种文化具有广泛的受众性，以其对大众的吸引力和固有的交换逻辑而广泛扩张，从而成为当代俄罗斯商业建筑文化的主流，在思想层面影响了建筑师的思考。无论是利用造型关系博得出位，还是利用色彩对比震撼视觉，这些大型的商业建筑无疑成为当代俄罗斯建筑领域最具活力的建筑，更重要的是，它们以商业活动的物质载体的身份引领了社会审美的新潮流。无论是大众文化的娱乐性特征、消费文化的视觉性冲击还是波普艺术的艳俗化表现，商业建筑以巨大的包容性活跃在当代俄罗斯建筑创作的前沿。

大型商业娱乐中心 Vershina 坐落于俄罗斯的 Surgut，该项目由 Erick van Egeraat（EVE）事务所设计，建筑面积达到 35000 平方米，是当代俄罗斯大型商业建筑的代表作品（图 3-8）。为了强调建筑的体积感，建筑造型采用一个大体快的中心结构，通过透明的竖向玻璃幕墙将建筑体块划分为三个部分，同时，在建筑立面上采用不规则方向的玻璃带将实体立面分割为不连续的体量，从而打破实体立面的沉重感。这些不规则的"分割线条"在白天可以为建筑引入自然光照的同时使建筑立面具有强烈的动感和视觉冲击力；在夜晚可以向周围环境投射出人工照明，使建筑从环境中脱颖而出，成为城市中灿烂明亮的标志性景观。立面上大面积的实墙体块为商业建筑提供了充足的广告展示空间，丰富的广告和灯光效果给建筑增添了热闹的商业气氛，并具有强烈的消费文化氛围。Vershina 的中心是一座跨越所有楼层的大型中庭，为参观者提供了躲避西伯利亚寒流的社交空间。

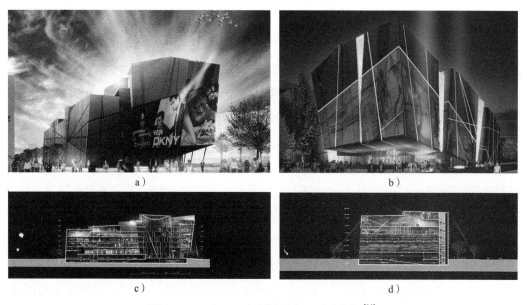

a)   b)

c)   d)

图 3-8　Vershina 商业娱乐中心设计方案[11]
a）日景表现图　b）夜景表现图　c）剖面图Ⅰ　d）剖面图Ⅱ

Kaluzhski 贸易中心坐落在莫斯科市郊，同 Vershina 不同的是，Kaluzhski 贸易中心则以强烈的色彩表现成为城市高速路旁的标志性建筑（图 3-9）。作为一个大型的商业娱乐中心，受到商业经营策略的影响，在建筑平面构成上形成两条交叉的内部商业通道，带有天窗的商业通道成为建筑的交通核心将不同的建筑功能连接起来。在建筑立面上，采用绿色、黄色、橙色和红色的色彩组合进行装饰，从而在 Obruchev 大街上形成波浪形起伏变化的、具有色彩构成感的城市建筑界面。明亮的色彩对比不仅在视觉上带来强烈的冲击，同时蕴含着快乐的情感因素，昭示着建筑功能的商业娱乐特点，从而利用色彩表现提升了城市环境的艺术性和审美质量。

（2）商业综合体的衍生　随着俄罗斯商业发展，商业建筑的包容性进一步扩展，不仅包容消费型的服务业态，还逐渐向功能的综合化发展，从而衍生了商业办公综合体、商业居住综合体、商业博览中心等综合化商业建筑。在这些综合化商业建筑中，商业功能同一项或两项功能并列成为建筑的主要功能，多种功能的综合协作可以最大程度地合理配置资源，使建筑各功能互为补充，协调发展，从而使建筑功能达到最大优化。综合化的商业建筑利用商业为触媒带动其他功能的合理运转，其他功能的良好运转又反过来促进商业功能的繁荣。由于功能的相互补充与协作，更好的促进了商业地产的利益最大化，从而使这种综合化的商业建筑成为俄罗斯转型时期商业建筑发展的趋向。

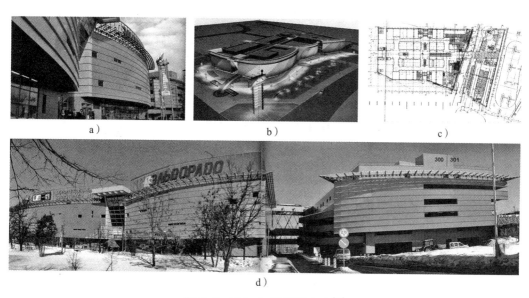

a）　　　　　　　　　　b）　　　　　　　　　　c）

d）

图 3-9　Kaluzhski 贸易中心 [18]

a）建筑细部　b）建筑全景　c）建筑平面图　d）建筑外观

2010 年获得第四届俄罗斯年度建筑奖的"修道院广场"（Hermitage Plaza）项目是商业综合体创作的典型实例（图 3-10），也是俄罗斯本土建筑师作品的优秀代表。该项目位于莫斯科市中心，是在传统建筑环抱中的巨型商业办公综合体。建筑利用不同材质将体量分成三个部分：基地现有的传统建筑形式继续修复性的保留；砖墙体量与基地已有传统建筑形式形成一脉相承的联系；弧线形玻璃幕墙藏在侧面入口、矗立在两座传统建筑之间，现代与传统形成某种戏剧性的"矛盾的共生"，从而形成该项目的标志性体量。由于办公功能的介入和周围传统街区环境的限制，该项目并没有强烈的商业文化氛围，采用含蓄的商业表达与办公功能相协调。建筑形式对各功能的协调表达，以及各建筑功能间的协调互补是商业综合体建筑的创作重点。利用办公功能为商业提供充足的人气资源，同时商业功能成为办公的有益补充。在建筑形式的创作中，建筑师谢尔盖·基塞莱夫认为："该建筑有效地协调了新建办公楼与隔壁Ostermanov-Tolstych工艺美术博物馆，当然这个形状的产生也是为了与其他莫斯科市中心现有建筑风格相协调"。[24] 这显然不是莫斯科过去在历史建筑中创作新建筑的方法，过去建筑师们大多采用小心的减弱或遮挡新建建筑的"时代特征"，延续传统建筑的形式来承载现代的功能，而现在保守的莫斯科显然已经欣然接受这种加强对比的创作手法。

图 3-10　修道院广场 [19]

3.3.3.2　商业建筑的类型更新

经济转轨过程中的商业繁荣发展，不仅带来了商业建筑在数量和规模上的不断增加、功能上的不断复合，还为俄罗斯带来了新的商业业态，由此衍生出新的商业建筑类型。这些建筑类型是商业发展到一定程度，不断分工细化的结果，新生的商业建筑类型不仅给社会生活中的商业活动带来更大的自由与便利，同时也成为当代俄罗斯城市建筑的新生力量，为俄罗斯商业建筑创作拓展了舞台。其中大型超市与汽车专营店的出现与发展成为这些新生商业建筑中不可忽视的代表。

（1）大型超市的出现　伴随着商业的细化发展和商业市场的开放，大型超市进军到经济逐渐复苏的俄罗斯。同购物中心相比，大型超市建筑造价低廉、造型简单，但是却为当代俄罗斯城市建筑带来了不容忽视的变化。大型超市建筑以其艳丽醒目的色彩、波普化的标识、通俗的商业氛围获得大众的认同，这些建筑特征给单调的、色彩灰暗的城市建筑带来了生机，给地区经济带来了活力，甚至成为具有标识性的城市建筑（图 3-11）。大型超市业态由于其特有的商业运作模式，进入俄罗斯市场就迅速扩张，从而在俄罗斯各地形成独具特色的城市建筑形象。

图 3-11　俄罗斯转型时期超市建筑 [16]

a）Tallinn 高速公路 158 号 Lenta 多功能超市综合体　b）Vyborgsky 区 Lenta 综合超市
c）Shushary 住区 Lenta 多功能超市综合体　d）Tallinn 高速公路 158 号 Lenta 多功能超市综合体入口

（2）汽车专营店的兴建　经济转轨带来开放的市场，使当代俄罗斯汽车销售一改从前计划经济时代的销售模式。这种销售模式的变迁衍生了新的建筑类型——汽车专营店，同时也带动汽车销量不断创造着新的纪录，并不断打破众多市场分析机构的预测，销售量的高速增长使俄罗斯对于世界所有的大型汽车生产商来说都具有极大的吸引力。近年来，俄罗斯汽车普及化更是带动了汽车市场销售的不断走高，从而促进汽车经销网络的发展，通用、福特、现代等企业在俄销售网络呈现出快速增长之势。为满足汽车经销网络的迅速扩张，俄罗斯各地迅速兴建了一批汽车专营店，从而使汽车专营店成为当代俄罗斯发展最快的商业建筑类型之一。这些新建汽车专营店建筑规模不大，创作手段灵活多样，由于各品牌的汽车在专营店的设计上有统一的功能模式要求和标识性要求，从而使这类建筑在创作上明显具有国际化的特点。建筑多采用现代建筑形式，色彩简洁，造型轻巧，利用大面积的玻璃及轻钢结构连同精致的金属杆件来体现现代汽车工业的时代感（图 3-12）。

3.3.4　外资带动下建筑创作的多元发展

经历从计划经济向市场经济的转轨后，俄罗斯经济依赖能源财富迅速发展，经济的繁荣和不断增加的个人财富，意味着对各种类型的房地产项目的需求不断上升，从而带动当代俄罗斯房地产的兴旺发展。大为改善的投资环境和房地产业的高回报率吸引了世界各国投资者的目光，摩根士丹利房地产公司全球共同负责人约翰·卡拉菲尔说：“俄罗斯对我们来说，无疑是一个关键的市场。”[26] 由于利益的驱动，大量外资涌

图 3-12　俄罗斯转型时期的汽车专营店建筑

a）Avilon 梅赛德斯 - 奔驰中心 [25]　b）雪铁龙汽车沙龙 [11]　c）福特汽车沙龙 [16]

d）丰田汽车沙龙 [16]　　e）大众汽车销售及售后服务中心 [16]

入投资回报率高的商业、娱乐和文化类项目，进一步推动了俄罗斯大型公共建筑房地产的热潮，尤其在莫斯科、圣彼得堡等城市，许多大型商业娱乐中心、剧院、博物馆等重要建设项目纷纷上马，而其中大部分项目都来源于外来投资建设。这些外资建筑成为当代俄罗斯建筑创作中最活跃的因素之一，从而改变着当代俄罗斯的城市面貌。外来投资以自由竞争为手段，以市场需求为检验，极大地促进了当代俄罗斯建筑的发展，同时，外来投资促进了外国建筑师在俄罗斯的创作活动，推动当代俄罗斯建筑创作主体趋于多元化发展，这无疑成为当代俄罗斯建筑创作多元发展的主要动力。

3.3.4.1　投资主体的多元化

投资主体多元化的审美诉求促进了建筑创作表现的多元发展。随着建筑创作的市场化，业主意识成为建筑创作的重要影响因素在建筑创作中发挥了决定性作用。作为投资者审美诉求和获取利益的依托工具，建筑不仅带着时代的色彩、拥有吸引大众的独特的形象，更重要的是要满足投资者的审美趋向。建筑的投资者和使用群体的灵活多样，给建筑创作提供了更加灵活的创作空间，使建筑形态的多元化发展成为可能，这极大地推动了适应时代发展的当代俄罗斯建筑创作。外来投资者不同的文化背景、审美个性以及对建筑品质的要求，使在同一时空维度中的俄罗斯外资建筑表现出不同的建筑形态，这些各具特色的建筑为俄罗斯经济转轨时期的建筑带来了百花齐放的建筑表象。

波罗的海明珠项目是在当代俄罗斯建筑发展热潮中中国对俄罗斯最大的直接投资项目，也是当代俄罗斯建筑全球化发展进程中具有代表性的国际合作项目（图 3-13）。该项目由上海实业集团联合百联集团、锦江国际集团、上海工业投资集团及上海工业欧亚发展中心、绿地集团等企业共同在圣彼得堡投资、建设的大规模多功能综合社区，总投资额将超过 13 亿美元。项目规划用地 208 公顷，总建筑使用面积 190 多万平方米，总居住人口将达到 3.5 万人的规模。为实现其现代化、生态化、人性化、欧洲化的大型多功能综合社区的战略定位，投资商对项目地块的整体规划及标志性建筑进行国际招标，甄选七家世界知名设计师事务所组成的五大设计团队：OMA +ARUP AGU（荷兰、英国）、Xavier de Geeyter（比利时）、HOK（美国）、SWECO FFNS（瑞典）、Zemcov & Kondiain + Studio 44（俄罗斯）参与方案竞标。不同的创作主体在同一的当代俄罗斯建筑语境中，从不同角度展现了国际先进的规划设计理念和建筑设计理念。

a）

b）

c）

图 3-13　波罗的海明珠项目方案及模型
a）方案鸟瞰图　b）地标建筑模型　c）商业轴线模型

投资方在深入研究各方案特点的基础上，综合多方面因素对波罗的海明珠项目的整体规划方案和标志性建筑方案进行了整合。中国投资者运用中国传统"合"文化理念形成了集众家之所长的最终方案，该方案既借鉴了典型美国经验的城市中心区，又考虑了俄罗斯寒冷的气候条件，更体现了大气度的俄罗斯文化，整合后的方案在项目的布局上更完善，亮点上更为集中。如图 3-13 所示，规划方案在基地南端布置南广场作为基地主入口的标志，南广场的立面造型以俄罗斯国徽展翅腾飞的"双头鹰"为设计意向，平面布局以象征幸运的"四叶草"为设计理念，致力于打造具有俄罗斯文化精神的建筑。沿南广场向北架构纵贯南北的主轴线，主轴线为基地内的公共设施、休闲娱乐及商业设施，主轴线尽端沿海岸线布置高端写字楼和大规模的商业组群，成为基地的标志性建筑群，不仅为高端的购物休闲娱乐活动提供场所，同时沿海岸形成错落有致的城市轮廓线。主轴线两侧规划为住宅街区，综合多层、高层、联排别墅、别墅等多种住宅类型以满足不同阶层的需求。在波罗的海明珠项目的第一栋建成建筑——商务中心的入口大厅中，我们看到了整个基地的规划模型，这是一个集零售、娱乐、休闲、会展等多种业态于一体的大型多功能综合社区，一个生态化、现代化的城市新中心。可以说，这颗"明珠"凝聚了传统的中国智慧，拥有多元血统。

3.3.4.2 创作主体的多元化

建筑创作主体多元化的创作手段引领了建筑创作的多元发展。外来投资在加速当代俄罗斯城市建设的同时，为境外建筑师打开了在俄罗斯进行建筑创作活动的大门，促使当代俄罗斯建筑的创作主体趋于多元化的发展。大型建筑项目的国际设计竞赛也为境外建筑师参与俄罗斯建筑项目的创作提供了更多的机会，俄罗斯彼尔姆的新艺术博物馆项目设计竞赛吸引了来自 50 个国家的 320 家公司参与，25 个入选者则包括美国"渐近线建筑事务所"（Asymptote）、奥地利的"蓝天组"（Coop Himmelb（1）au）、美国的埃里克·欧文·莫斯建筑事务所（Eric Owen Moss）、奥地利建筑师汉斯·霍莱因（Hans Hollein）、法国建筑师奥蒂尔·德克（Odile Decq）和英国建筑师扎哈·哈迪德（Zaha Hadid）等国际著名建筑师事务所。境外建筑师的参与冲击了俄罗斯建筑界沉闷封闭的设计思想，为开拓俄罗斯本土建筑师的创作思路提供了新契机。随着建筑市场的逐步完善，越来越多的境外建筑师在俄罗斯赢得了建筑竞赛。这些具有一流职业素质和敬业精神的外国建筑师，带来的不仅仅是一张张图纸，他们的创作及引发的争论是俄罗斯本土与国际建筑观念上的碰撞和文化上的交融，这种交流必将促进俄罗斯建筑创作的革新与进步。同时，境外建筑师为俄罗斯转型时期的建筑发展带来了先进的建筑技术和创作手段，带来了国际建筑理论的广泛传播，这一切无疑成为当代俄罗斯建筑创作多元发展和创作水平整体提升的动力。

创作实例 1：美国建筑师的双重表现——新马林斯基剧院投标方案

马林斯基剧院成立于 1783 年，是俄罗斯最好的剧院之一，共有 1600 多个座位，随着人们娱乐生活的日渐繁荣，原有的剧院规模无法满足社会需求，2009 年，圣彼得堡市政府决定建设新的马林斯基剧院。

新建的剧院选址于原有剧院的对面，位于圣彼得堡中心地区的古老街区，基地周围被传统的建筑包围，为了寻求一个更加完善的建筑方案，合理协调新的功能和传统街区的矛盾，圣彼得堡邀请世界著名设计机构对该项目方案进行了国际招标。欧文·莫斯的新剧院方案虽然没有中标，但是其方案却以突出的造型和设计理念为当代俄罗斯建筑创作开拓了新的思路。对于欧文·莫斯来说，这个项目是向俄罗斯表达其设计理念的一个良好机会。

承袭欧文·莫斯一贯的设计理念的新剧院方案（图 3-14），其创作明显具有双重特征。该方案是从现代主义基础上发展起来的，具有新现代主义和解构主义双重色彩。建筑造型独特，具有非常突出的雕塑性，以及解构主义的特点，完全突破了建筑物固有的形式。建筑师运用厚重的实墙体积同周围传统的街区环境相协调，而从实墙体积中生长出的透明体则造型夸张，具有强烈的工业化时代过去的破碎感，从而使建筑本身从材料到形式具有了强烈的对比，既有粗糙厚重的一面又有精致夸张的一面，从建筑形式上体现了对俄罗斯现实社会破碎感的一种讽喻。

图 3-14　欧文·莫斯创作的新马林斯基剧院投标方案[27]

欧文·莫斯的方案以独特的手段，解决建筑新的功能要求和新的时代特征同传统街区的矛盾，利用对比的方式更加强化而不是弱化这种矛盾。但是这样的方案同样是建立在对圣彼得堡城市文化、历史环境的深入研究的基础上，方案甚至考虑到圣彼得堡寒冷、漫长的冬季气候，采用新的方式安排城市公共空间，从而使建筑肩负着通过性的城市客厅的作用。对于夸张的建筑形式，欧文·莫斯有着自己的解释，他认为新的马林斯基剧院在新的时代所承担的社会功能不同了，它应该体现技术的变迁、社会生活习惯的变迁，更重要的是，当代世界各国的文化不再是分离的，而是相互关联发展的，剧院的使用者是参观过林肯中心、古根海姆艺术中心的，他们是世界性的。

创作实例 2：西班牙建筑师的景观风格——城市度假村

位于圣彼得堡的城市度假村项目，是 2007 年启动设计的一个大型的建筑综合体项目，项目建筑面积为 135000 平方米，包括 300 个酒店房间、23 间可容纳 500 人的会议中心、巨大的体育中心、一栋办公楼、停车场和直升机停机坪等，该项目目前仍处于建设中。

西班牙 Willy Müller Architects（WMA）建筑事务所通过该项目为当代俄罗斯建筑创作带来了西班牙建筑创作上独特的景观化风格。建筑形态仿佛人工建造的景观一般，在城市的天际线中创造出自己可识别的轮廓线。如图 3-15 所示，山峦一样起伏的外形从某种意义上讲，是空间序列的外化表现，这种空间序列绝不是一种僵化的关系，而是一种整体变化的有机呈现，从而在一种固定的体系中引入了渐变。起伏的外形在漫长的冬季积累无处不在的积雪，利用自然更好的强调建筑屋顶的体积感，同时屋顶的颜色和材料与建筑的其他部分形成了对比，从而强化了建筑的顶界面。我们看到的是一个由头到尾的一系列绵延不绝的转折的墙壁，正如同空气的膨胀和压缩使墙体不断发生着移动，所有的墙体之间呈现一种非常微妙的关系。建筑主体由不断变换方向和大小的几何形折线勾勒，看似随意的不规则折线，事实上是在设计中不断追求"变化"的结果。"变化"的折线和透明的表皮将主体建筑体块消解为"线"的叠合与编织，从而使建筑的"体量感"和"重力感"颓然而解，建筑彻底被消解在环境之中。这种创作手法使建筑具有一种"反都市"的气息，在拥挤的城市环境中塑造了一种开阔起伏的城市界面，形成难以名状的、亦虚亦实的空间体验，与周围的环境完美结合。城市度假村的方案展现出西班牙现代主义时期中非常重要的景观设计的强烈影响，虽然面对着复杂的城市现实环境，却拥有更大的创作自由。创作手法呈现出一种对"事物"的关注，每一个城市元素都受到同等的对待与尊重，这无疑是一种景观设计师的姿态。

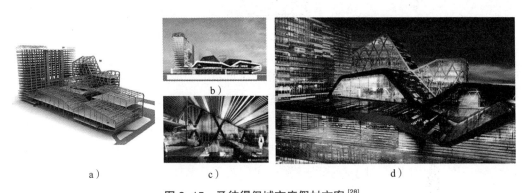

图 3-15　圣彼得堡城市度假村方案[28]

a）方案模型　b）建筑剖面图　c）室内表现图　d）建筑局部

3.4　社会心理转向与建筑创作的审美关联

建筑创作离不开社会因素的制约，其发展在本质上是不断适应社会审美价值的过程，因此，左右建筑形态变化的潜在力量其实是社会审美的流转。随着俄罗斯社会转型发展，被长期禁锢的社会心理在信仰坍塌的现实中出现了强烈震荡，一元化的社会意识形态已经无法应对现时社会深刻的矛盾、困惑、冲突和危机，于是，社会心理转向多元化的内爆。

随着社会心理的转变，多元化的社会意识形态催生了新的社会审美，社会心理的内爆式发展在建筑层面则体现为建筑形态的多元与更迭。纵观当代俄罗斯建筑形态纷繁复杂的表象，不难发现许多作品所表现出的与社会心理的深层关联。在社会心理转向发展的主流意识的影响下，宗教建筑的复兴、宏伟的创作表现以及标新立异的创作手段成为新时期俄罗斯建筑创作中的发展趋向。然而，由于当代俄罗斯社会心理的转向是在社会危机中突发性的内爆式发展，缺乏必要的积淀过程、理论论证与发展基础，这必然导致社会心理转向的非常性和不稳定性，而由此引发的建筑创作问题同样值得我们关注。

3.4.1　建筑创作审美变迁的社会心理根源

20 世纪 90 年代俄罗斯社会转型在政治、经济领域带来了制度的变迁，而表现在社会心理领域则必然是传统价值规范的动摇和传统价值目标的丧失。随着共产党执政地位的丧失，马克思列宁主义失去了在主流意识形态中的主导地位。俄罗斯社会心理面临强烈震撼和深刻的矛盾、困惑、冲突和危机，因此，重塑"俄罗斯精神"，在新的时期架构社会共同认可的社会基本价值观成为俄罗斯各民族、各阶层的共同心声。于是，俄罗斯社会学家在精神困境中求助于古代的、今日的、本土的、西方的各种思想文化理论。一时间，自由主义、民族主义、社会主义、爱国主义、实用主义等思潮纷纷崛起，宗教信仰也开始复兴，从而打破了社会主义时期一元化的意识形态，社会心理转向多元化的内爆。这其中渗透着强烈个体精神的自由主义、表达强国意识的爱国主义以及宗教信仰的重新崛起成为社会转型后俄罗斯社会心理转向的主流表现。

3.4.1.1　重返宗教信仰

俄罗斯是拥有强烈宗教信仰的国家，宗教是俄罗斯文化的重要组成部分，同时深深影响其民族性格的形成。自公元 10 世纪第聂伯河的集体洗礼后，拜占庭文明的光辉普照着俄罗斯广袤的大地，东正教宣扬的善良、友爱、温顺、忍耐、虔诚等深深影响着俄罗斯民族性格的形成。沙俄时代，不仅居民中信教者超过 90%，而且政教关系密切[29]。"十月革命"带来的共产主义理想在苏联时期取代了宗教信仰成为社会心理的主流。然而，随着苏联解体，俄罗斯社会跌入"精神真空"的失落心理，于是，回归对宗教的信仰，成为俄罗斯社会思想领域转型的突出现象。美国人亨廷顿在他的《文明的冲突与世界秩序的重建》中提出："宗教复兴是非西方社会反对西方化的最强有力的表现。这种复兴并非拒绝现代性，而是拒绝西方，以及与西方相关的世俗化的、相对主义的、颓废的文化。"由此，不难理解俄罗斯在推行西方民主政治失败之后社会心理转向传统宗教，在俄罗斯人看来，似乎重返宗教是拯救信仰危机唯一之路。

俄罗斯传统宗教哲学在揭示东正教信条的内涵中，渗透着强烈的个体精神自由、精神神圣感、人道主义气息，在一定程度上适应和满足了处于社会危机中的俄罗斯民众心理。宗教不仅在拜金、媚俗的现实社会中为人们带来了神圣的精神价值追求，同时也在人际关系紧张，情感交流链断裂、冷漠加剧的社会中宣扬人道主义精神，从而契合了人们渴望和谐人际关系和良好社会环境的心理需求。因此，在转型之后的俄罗斯社会，重返宗教信仰无疑成为社会心理发展的主流。

同时，俄罗斯新政府为树立民主开明的新形象，弥补政治突变引发的信仰危机，也求助于宗教道德，并进而在将道德规范朝信仰的方向与宗教的要求的推进中，使其转化为社会的价值体系和价值目标。普京在庆祝俄罗斯联邦独立 10 周年的一次讲话中表示："如果没有正教的信仰与文化，俄罗斯或许无法成为一个国家。"在政府的支持下，重建或新建了一批宗教建筑，过去年久失修的教堂、修道院都得到了大规模的修缮，这些宗教建筑成为当代俄罗斯建筑的一大景观。

3.4.1.2 重塑强国意识

在莫斯科公国统一罗斯、建立中央集权国家的过程中，对外扩张，建立一个横跨欧亚大陆的军事强国的思想是绝大多数俄罗斯人的信念和追求。自 18 世纪初彼得大帝发动改革开始，俄罗斯曾雄踞世界数百年，因而虽然俄国历史上充满了曲折和苦难，但这种对外扩张的"强国意识"始终是维系全民族的精神支柱。正如历史学家克留切斯基所说："一部俄国史，就是一部不断对外殖民，进行领土扩张的历史"。直至苏联解体前，俄罗斯国力日渐衰微，俄罗斯不得不面对现实，"大国"梦想从此破碎。国家解体、经济危机、社会发展走向危难的现实使俄罗斯民族产生了对昔日帝国的怀念，渴望俄罗斯的再次复兴。于是，在危机四伏的社会转型初期，追求世界强国的地位和作用重新主导了俄罗斯的社会意识。俄国人是有"大国意识"、"救世情结"、有独特民族诉求的国家，他们无法忍受"二等国"的角色。在俄国人看来"世界只尊重强国"。

自 20 世纪 90 年代中期以来，随着经济逐步复苏，负载着强国意识的爱国主义成为俄罗斯政界、学术界和日常生活中超越政治派别和宗教信仰的最响亮的口号。如何振兴俄罗斯经济，使俄罗斯重回世界强国之列成为俄罗斯民众的追求，强国意识重新成为影响最大的社会思潮。这种主流的意识形态强调民族认同、民族优越感，旨在努力恢复大国地位，竭力维护国家利益，改变其处处被西方歧视、打压的不利国际处境，以促进自身的生存、独立和发展。当代俄罗斯国家民族主义是一种激进的聚合型民族主义。新的俄罗斯民族主义以恢复大国地位为主要政治诉求，在民族国家构建中发挥了积极的和建设性的作用。无可否认，当俄罗斯在恢复自信和继续发展的时候，强国意识无疑产生了强大的社会凝聚力，成为当代俄罗斯社会心理的主要支撑。普京当选俄罗斯总统后，曾表明他"将采取务实的外交政策，使俄罗斯成为一个强大、自主的国家，成为外国领袖眼中的强国"，这种治国方针契合了民众的强国意识，从而得到了广泛的支持。重振强国意识的社会心理不仅体现在政治领域，同样反映在当代俄罗斯城市建设之中，近年来，政府及国家垄断企业投资大量的资金在首都莫斯科兴建一批"超级"建筑，以突显俄罗斯逐步恢复的国力，而巨额的建设资金在俄罗斯现有的经济条件下显得有些超负荷，因此这批建筑大多处于停建或待建阶段，但是这些建筑的构想已经足以说明强国意识在当代俄罗斯建筑创作中的表现。

3.4.1.3   崇尚自由主义

苏联解体前后，在其国内社会主义核心价值观逐渐被否定，自由主义作为政治文化的主流精神填补了思想和意识形态的真空，影响着俄罗斯社会转型时期俄罗斯内外政策的选择。自由主义作为一种思想流派和社会思想政治运动，是俄罗斯近代社会时期的西化现象。作为正统的资产阶级文化，自由主义被认为是西方文明世俗形式的最高体现。对于一心欧化的俄罗斯来说，不可避免地会受到这股浪潮的冲击。

自由主义在俄罗斯的根基很浅，是伴随着全盘西化的社会幻想和西方式民主制度的建立而兴起的社会思潮。自由主义主张经济自由化、政治民主化、以个人自由为中心价值取向、以个人主义为出发点的社会思潮和政策指向。俄罗斯学者一般认为，自由主义是一种与强调国家控制抹杀个人自由的社会主义相对立的视个人自由和市场经济的自由发展高于一切的思想。在自由主义社会意识形态的影响下，社会心理的基本取向是对西方的文化和价值观念充满了浪漫主义色彩的向往。

20 世纪 90 年代初，在俄罗斯改革以全盘西化为宗旨的时期，自由主义在俄罗斯几乎独步天下，民众对自由主义具有很高的认同度，在政治转型的带动下，社会心理实现了从高度集中的社会主义向自由主义转向。90 年代中期，因西方模式实践的失败，自由主义的社会思潮遭到猛烈批判，自由主义丧失了在社会心理层面的主导优势，并逐渐衰落，然而时至今日自由主义的社会意识形态对社会生活和大众心理的影响仍在继续。虽然自由主义的社会思潮在政治舞台上已经逐渐失去了光辉，但是却在建筑领域得到了广泛的发展。自由主义的特征既不是非理性的，也不是理性的，而是超理性的。自由主义强调个人精神自由、反叛普遍统一的本质，恰恰符合了人们对千篇一律的装配式建筑厌倦的心理，因此，虽然自由主义的社会心理在政治层面受到指责，几乎与俄罗斯现时生活脱节，但是其追求"个性自由"的精神却体现在城市建设的方方面面。

3.4.2 宗教复兴下的教堂建设

经历时代变迁后重返宗教信仰的俄罗斯，更加表现出对宗教的虔诚与依赖。新政府为迅速树立开放民主的新形象，满足民众重返宗教的社会心理，重建或新建了一批宗教建筑。这些建筑不仅重现了俄罗斯昔日历史建筑的辉煌成就，同时弥补了因国家解体而造成的信仰危机给民众带来的精神失落。在重返宗教的社会心理的引领下，历史古迹的重建和宗教建筑的新建之风席卷俄罗斯，从而成为俄罗斯转型时期建筑创作浓墨重彩的篇章。这些宗教建筑对于当代俄罗斯建筑创作的发展而言具有重要的意义。首先，教堂建筑的重建与新建加强了俄罗斯建筑界对古建筑的研究与保护。同时，促进了对城市历史环境的保护与尊重，这在建筑技术日益发达、建筑形态复杂多变的今天显得尤为重要。其次，教堂的重建复兴了建筑修复科学。从修复经济、修复管理、修复技术、传统工艺等方面，全方位地促进了建筑修复科学的系统化和完善化，并为修复科学的发展提供了实践的平台。

创作实例 1：救世主大教堂的重建

在宗教建筑的复兴中，我们不得不提俄罗斯最大的东正教教堂——救世主大教堂的重建。毫不夸张地说，救世主大教堂的重建不仅是世纪之交俄罗斯社会最受瞩目的事件之一，同时也是社会转型后俄罗斯最受关注的建筑项目之一。

救世主大教堂是参照君士坦丁堡的索菲亚大教堂设计的一座新拜占庭风格的教堂建筑，十月革命后停止使用，并于 1931 年被炸毁，赫鲁晓夫当政时期被改为公众游泳池。苏联解体后，教堂在莫斯科市长尤里·米哈依诺维奇·鲁日科夫的积极支持下被重建起来的，重建后的教堂成为莫斯科宗教的象征与核心，也成为当代莫斯科的代表性建筑之一（图 3-16）。教堂的重建完全遵照原样，在建筑形态上没有进行调整，在尊重历史的前提下，运用新的建筑材料表达古建筑的文化。重建的教堂虽然以"新"的形态展现在人们面前，但是却是以现代的技术、现代的工艺、现代的材料再现了历史建筑新的辉煌，用"新"传达了"古"的文化，并没有因为"新"而破坏了"古"的意境，

a）

b）

c）

图 3-16 救世主大教堂

a）建筑外观　b）建筑室内[10]　c）建筑细部

这是在重建和修复古建筑方面值得我们学习和赞扬的。该教堂的重建不仅提高了社会对于建筑遗产价值的认识，同时也在现代城市的发展中诠释了传统建筑的文化精神。

创作实例 2：Kui Sharif 清真寺的建造

Kui Sharif 清真寺位于喀山市中心，是克里姆林宫的地理中心，约 60 米高的尖塔使这座清真寺成为这座城市古老的市中心的制高点（图 3-17）。由于其显要的地理位置和重要的城市功能定位，Kui Sharif 清真寺在结构尺度上进行了合理的建构，在建筑总体造型和细节上进行了一定的创新设计。壮丽的建筑立面完全由带有彩色玻璃的尖顶窗装饰起来，同时结合早期哥特式的交叉肋拱用以支撑半圆形的穹顶。除了在尖塔和穹顶上一定会有的新月图形外，在清真寺较低的部分有明显的东方风格的装饰，整个建筑在带有早期哥特式风格的同时混合了东方的建筑意象。这些创作手段使新建的清真寺在建筑风格上显得与众不同，从而为古老的城市中心注入了新的活力，从灰暗的城市中心建筑中脱颖而出。在经历了几十年的装配式建筑带来的审美乏味后，这种结合了不同风格的元素的建筑创作方式带来了新鲜的视觉体验，可以说，由于宗教回归而建设的 Kui Sharif 清真寺改变了这座城市的轮廓。

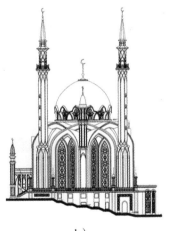

a）　　　　　　　　　　b）　　　　　　　　　　c）

图 3-17　Kui Sharif 清真寺 [10]

a）建筑全景　b）立面图　c）尖塔细部

除了这些几乎改变了城市面貌的大型宗教建筑的新建或重建，在重返宗教信仰的社会心理的推动下，俄罗斯各地还新建了一批中小型的宗教建筑（图 3-18）。

3.4.3　强国意识下的宏伟表现

国力衰微使俄罗斯民族产生了对昔日帝国的怀念，渴望俄罗斯的再次复兴。超级

a） b） c）

图 3-18　新建的宗教建筑

a）圣彼得堡弗吉尼亚教堂 [16]　b）萨马拉圣·乔治征服者大教堂 [10]　c）圣彼得堡圣·迈克尔小教堂 [11]

大国的建立必须以强大的物质力量为基础。俄罗斯未能从这种令人目眩的帝国意识中迅速摆脱出来，俄罗斯人的梦想缺乏现实的物质基础。但习惯被当作一个世界强国来对待的俄罗斯，其帝国情结不可能瞬间消失，追求世界强国的地位和作用依然是俄罗斯始终不渝的战略目标。普京执政后已明确将复兴俄罗斯经济、恢复俄罗斯的大国形象和重塑民族凝聚力作为他的努力方向，这必然会对俄罗斯的对外政策产生重大影响。

以恢复大国地位为诉求的民族主义在转型时期的俄罗斯成为社会心理的主流意识形态，毫无疑问，主流意识形态在任何国家都是社会和文化的灵魂。因此在民族主义的指导下，彰显强国风采就成为当代俄罗斯城市建设的诉求。于是，一批造型独特、富于现代感的"超级"建筑正在拔地而起，其中包括即将成为欧洲第一高楼的"联邦大厦"，又有世界占地面积最大的"水晶岛"项目等，这些项目无疑成为民族主义在当代俄罗斯建筑层面的转喻。在经历 20 世纪 90 年代的萧条后，这些位于俄罗斯主要城市的"超级"建筑设想大胆、水平超高，不仅在建筑领域成为引导现代化创作的潮流，而且成为俄罗斯彰显强国形象的载体，在当代俄罗斯建筑创作领域倍受瞩目，为转型时期的俄罗斯城市带来了震撼人心的宏伟表现。

创作实例 1：高度之争——莫斯科联邦大厦与俄罗斯塔

拥有"世界第一高楼"是许多国际化都市梦寐以求的，因为这不仅向世界宣称了国家实力与经济活力，给城市带来更大的知名度，同时还会吸引更多的投资。随着普京的各项经济与外交政策，俄罗斯经济逐渐复苏，民族信心得到鼓舞。在民族主义社会心理的推动下，俄罗斯人一直渴望在城市建设上向世界彰显其经济实力。由此，莫斯科的新建建筑不断刷新俄罗斯建筑高度的纪录。

由 NPSTchobanVoss 建筑设计公司设计的莫斯科联邦大厦（图 3-19）于 2005 年破土动工，该建筑位于莫斯科河岸边，距离克里姆林宫不到 2.5 英里，建筑主体由高度分别为 354 米和 240 米的两座塔楼组成。建成后将达成俄罗斯追求最高建筑的心愿，成为欧洲最高建筑、世界最高全现浇钢筋混凝土结构工程。莫斯科联邦大厦采用未来主义建筑风格，造型为帆状双子塔，两楼之间有一座更高的箭塔连接，当地一份周刊称"联邦大厦"的造型是"堂吉诃德与桑丘·潘萨共持一剑"，包括天线总高为 420 米。东塔为较高的主塔，地下 4 层，地上 93 层，建筑平面为弧线三角形，主要为办公场所，西塔为 57 层，将用作酒店和公寓，两个塔楼的顶部均设有 360 度观景台。整个大厦总建筑面积为 34.7 万平方米，其中 13.1 万平方米为办公用房，6.8 万平方米为豪华公寓，3.2 万平方米为商用和服务公司。该建筑外立面为玻璃幕墙，打造了简洁的当代高层建筑形象，同时实现了在民族主义的推动下，当代俄罗斯社会在经济复苏的背景下对建筑高度的追求。不仅如此，大厦周边有 13 家开发商正在建造 18 幢高楼大厦和占地 400 万平方米的房屋。这个正在兴建中的城区，被人称为"莫斯科的曼哈顿"。

图 3-19　莫斯科联邦大厦方案
a）建筑表现图 [30]　　b 玻璃幕墙细部 [31]　　c）建筑局部 [32]　　d）全景表现图 [33]

在莫斯科联邦大厦尚未建成之时，俄罗斯塔项目的构思就打破了联邦大厦成为欧洲第一高楼的梦想。2006 年，由福斯特建筑事务所主创的俄罗斯塔项目为 118 层，总建筑高度达到 612 米，该建筑将构筑欧洲建筑新的制高点，为莫斯科天际线增添重要的一笔（图 3-20）。与联邦大厦相比，俄罗斯塔不仅在高度上拥有绝对优势，在建筑创作理念上也更胜一筹，设计者将建筑与结构、功能、环保和城市的逻辑关系提升到了新的层面。在建筑创作上以生态设计理念为指导，合理利用自然资源、应用高技术手段实现能源的循环利用，成为在俄罗斯率先"能源循环"使用的建筑，可以看作是当代俄罗斯应用高科技实现生态建筑的前奏。在建筑结构上，根据三角形高效、稳定的构图原理，形成三角形支撑的金字塔式的建筑结构形式。由于其高效的组合方式、合理的空间配比，建筑以最少的结构达到最大的稳定性。上窄下宽的造型挺拔优美，塔楼三角形空间的三个面均向外开放，从而形成三个独立的部分有效地缩短了建筑的进深，从而最大程度地获得日照和风景，提供大型、双面、无柱的办公空间。俄罗斯塔总建筑面积将达到 47.09 万平方米，内部包含公寓、酒店、办公和休闲等多种功能空间，建成后将成为莫斯科重要的触媒点以加强莫斯科的经济建设，带动社会活力。

图 3-20 俄罗斯塔设计方案
a）立面图 [34] b）总平面图 [34] c）剖面图 [34] d）方案表现图 [35] e）方案模型 [34]

近几年，受到经济危机的影响，俄罗斯许多大型建筑项目被迫下马，原本预计 2012 年竣工的俄罗斯塔由于开发商遭遇资金困难而不得不暂时停工。继 612 米高的"俄罗斯塔"传出缓建消息之后，随着俄罗斯经济日趋低迷，有"俄罗斯曼哈顿"之称的"莫斯科联邦大厦"项目也因资金短缺被迫停工。俄罗斯渴望拥有欧洲第一高楼的梦想在金融危机的影响下陷入了困境。

创作实例 2：世界占地面积最大的单体建筑——莫斯科水晶岛

近年来，俄罗斯在城市建设上一浪卷一浪的冲破着各种建筑尺寸纪录以彰显自己的经济实力，主流媒体和消息灵通者们的博客惊讶而乐此不疲地重复一个又一个数字，于是，投资者和建筑师们也铆足了劲儿，在宏大的尺寸上，一个赛过一个。继欧洲第一高楼的纷争后，俄罗斯又迎来了水晶岛项目的宏伟表现。

由诺曼·福斯特设计的"水晶岛"（Crystal Island）项目（图 3-21）位于纳加蒂诺半岛，建筑高 457 米，占地面积 0.96 平方英里，"水晶岛"项目的跨度将是伦敦千禧穹顶的两倍，高度几乎达到伦敦摩天楼"金丝雀码头"的两倍，宽度也是格林尼治千禧巨蛋的两倍之多，面积大约相当于五角大楼的四倍。虽然"水晶岛"不是世界上最高建筑，但它的建筑面积却有 250 万平方米，建成后将成为"全球最大建筑"。设计者将该项目设计成为一个 150 米高的圆锥形建筑，顶部附近将有一个面积 1 万平方米的观光台，人们可以从那里俯瞰莫斯科。建筑的底下部分，将被设计成带有 12 瓣花瓣的鲜花形状，"花瓣"里面 20 公顷的建筑面积将被分成 6 个区。整个巨型建筑包括 900 间公寓和 3000 个酒店房间、一所可供 500 名学生读书的国际学校以及多个电影院、博物馆、剧院、医院、体育馆和数十家商店、酒吧、餐馆，估计每天最多可接待 100 万人，可以说是一座"楼中之城"。

这项耗资 16 亿英镑的"水晶岛"项目已经获得莫斯科市政府的批准，建成后将成为世界上最具特色的建筑之一，更将成为当代俄罗斯建筑史上具有"里程碑"意义的建筑，象征着俄罗斯世界大国的实力，将成为俄罗斯的新地标。福斯特本人也宣称这座大厦"是世界上最具雄心的建筑"，是俄罗斯恢复世界强国地位的象征。

a）　　　　　　　　　　　　　　　　b）

图 3-21　"水晶岛"项目方案[36]

a）方案鸟瞰图　b）立面表现图

创作实例 3：世界最大的社区——"大多莫杰多沃"

经济的蓬勃发展给俄罗斯建筑市场的繁荣奠定了良好的基础，莫斯科更是以世界少有的高回报率和广阔的房地产开发前景而受到世界各地投资者的青睐。2006 年年底，阿联酋房地产开发商"无限"公司宣布，将在俄罗斯首都莫斯科附近地区建造一座占地面积约 1.8 万公顷的社区，名为"大多莫杰多沃"。这项浩大工程首期投资 110 亿美元，号称是世界上规模最大的建筑工程之一。"大多莫杰多沃"将成为包括住宅、商业，以及教育、休闲、娱乐设施在内，功能齐全的庞大社区。一期工程将建造 15 万套住宅和商业建筑，其中包括超高层建筑和低层公寓，以及一些俄政府批准建造的经济适用房，占地面积 3000 公顷。虽然迪拜世界港口公司董事会主席苏丹·艾哈迈德·本·苏拉耶姆说："由于经济发展迅速，房地产开发潜力巨大，俄罗斯是一处极具吸引力的市场。"但是这个宏伟的社区构想在金融危机的冲击下，至今没有展开进一步的工作，建筑创作方案尚未出炉。

3.4.4 自由主义下的标新立异

由于社会主义时期对建筑风格统一的限制和对现代主义的片面理解和追求，在俄罗斯到处都是装配式的盒子住宅或古典风格的建筑，这使人们对俄罗斯既有建筑出现了审美情趣上的疲劳。自由主义社会思潮带来了对"个性自由"的追求，改变了当代俄罗斯社会的审美取向，表现在建筑层面则体现在对个性化的追求，这种个性化的审美取向实现了建筑个体意识的觉醒。在这样的社会背景下，新时期的俄罗斯出现了一批造型新奇的新建筑，这些建筑在一定程度上打破了俄罗斯原本千篇一律的城市面貌，给人以新鲜的视觉感受，同时也展现了俄罗斯建筑师独特的创造力，为俄罗斯转型时期的建筑创作增添了标新立异的表现，满足了大众的自由主义心理。

同上述宏伟的建筑表现相比，自由主义下标新立异的建筑创作已经从构想走向现实，并在俄罗斯转型时期的建筑创作舞台上有了不凡的表现。但是值得我们思考的是，这些建筑的出现在刺激人们视觉感官的同时也发人深省；标新立异的现象到底是建筑创作发展的繁荣表现还是审美变迁下的混沌表现；转型时期相对开放的创作环境为俄罗斯建筑提供了百花齐放的舞台还是沦为奇思妙想的试验场，这之间的界限很难界定，所带来的影响也还有待进一步观察，但是，值得肯定的是，在自由主义思潮引领下，俄罗斯转型时期的新奇建筑中不乏优秀的实例。

a） b）

图 3-22 莫斯科 Mashkova 街的蛋形住宅楼 [10]

a）建筑外观 b）原方案立面图

创作实例 1：蛋形结构的奇特表现——莫斯科 Mashkova 街的蛋形住宅楼

建筑师 Oleg Dubrovsky 设计的位于莫斯科 Mashkova 街角的住宅楼（图 3-22）以奇特的蛋形结构从街区建筑环境中脱颖而出，并在转型时期的建筑创作中显得与众不同。Oleg Dubrovsky 原是"纸上建筑师"的一员，在社会主义时期的苏联，"纸上建筑师"的创造力被限制于图纸无法实践，但是在苏联解体，俄罗斯进入社会转型的今天，这些追求新建筑形式的乌托邦式的建筑构想却满足了自由主义思潮下社会心理的需求，从而获得了从创作走向实践的可能。Mashkova 街的蛋形住宅以与众不同的蛋形结构形式来反抗传统的街区单调的空间关系，利用独一无二的建筑造型展现建筑师对个性化的追求。同时，建筑师 Oleg Dubrovsky 以新艺术风格的创作手法赋予建筑一种传统的表现，这种创作手段使得该住宅建筑对单调街区的反抗不是对立的，而演绎为一种和谐的对比关系。Oleg Dubrovsky 创作的蛋形住宅原本是两个蛋形建筑的组合，较大型的建筑带有帕拉第奥式的拱门和科林斯式柱廊环绕支撑，从而具有更加丰富的建筑语言表达和更加强烈的对比表现，但是到目前为止，只建成了这个比较小型的蛋形住宅。即便如此，莫斯科 Mashkova 街的蛋形住宅仍然在 Mashkova 街单调的街区环境中成为视觉焦点，以奇特的蛋形结构、传统的建筑形式和装饰元素成为俄罗斯转型时期建筑艺术化表现的典范。住宅建筑由于受到的限制因素相对较少，几乎可以完全体现投资人的心理偏好或建筑师的创作构想。同时，这类建筑的投资小、建设快，实现起来相对容易，因而成为自由主义心理下体现个性风格的良好载体。

创作实例 2：几何形体的任意混搭——BionikaStroi 公司展览中心

建筑师 Boris Levinzon 为 BionikaStroi 公司设计的展览中心同样是俄罗斯转型时期建筑创作标新立异的代表（图 3-23）。展览中心的奇特

a）

b）　　　　　　　　　　　c）

图 3-23　BionikaStroi 展览中心[16]

a）建筑外观　b）室内表现Ⅰ　c）室内表现Ⅱ

造型是由各种几何体混搭而成，圆锥、球体、圆柱、角锥等各种几何体共同表达了不平凡的创作构思，从而形成了复杂而富有浪漫色彩的建筑表现。同时，建筑师运用各种曲线元素构建复杂的形体表达，曲面屋顶以及由屋顶延伸形成的墙面、圆锥形大玻璃窗、突出的球体造型和扭转的锥形支撑、屋顶上鱼鳞般的装饰纹理等，这些不规则的造型元素使展览中心建筑具有强烈的视觉冲击力。同时，奇特的建筑造型让人联想海洋的主题，建筑几乎分不出屋顶和墙面，鱼鳞般的装饰面和明艳的蓝、白色对比使这个建筑仿佛一个怪异的海洋生物般浮现在地面。从某种角度来说，Boris Levinzon 的设计在某种程度上具有一定的仿生倾向，建筑的随意和扭曲仿佛软体动物般自由。总之，BionikaStroi 公司展览中心以复杂的外形吸引了人们的目光，任意混搭的曲面墙体，不规则的窗、墙形式，强烈的色彩对比在彰显着建筑师的创造力的同时营造出轻松快乐的气氛，并表达了在崇尚自由主义的审美指导下建筑创作对个性自由的追求。

a)　　　　　　　　　　　　　　　　　　　c)

图 3-24　风帆公寓 [18]

a) 建筑全景　b) 建筑局部表现　c) 建筑外观

创作实例 3：双维曲线的大尺度应用——风帆公寓

由莫斯科国立第四设计院创作的风帆公寓（图 3-24）因其大尺度的曲线应用在俄罗斯转型时期的住宅建筑中脱颖而出。该建筑是宏伟公园居住综合体项目的一部分，位于整个项目的中轴线上，是宏伟公园居住综合体中最引人注意的部分。风帆公寓的建筑平面由两条不同半径的曲线构成，曲线的弧度恰好契合场地原有的光滑的曲线形道路。24 层的公寓在立面造型上大胆地使用了大尺度的曲线，连同建筑平面的曲线运用，使建筑造型在双维曲线的共同作用下像一个鼓起的风帆，建筑造型表现出了强烈的动感，并由此得名。该建筑创作在细节表达上并没有过多值得关注的地方，但是如此大尺度的运用双维曲线的创作手段在俄罗斯转型时期的住宅建筑中并不多见，这种创作不仅使建筑形体具有强烈的动感表现，同时也突出了建筑的宏伟感，因此，在俄罗斯转型时期的住宅建筑中显得非常引人注目。

3.5　本章小结

本章以当代俄罗斯社会转型为研究基点，将社会发展同建筑创作体系进行直观性的多维整合，在俄罗斯社会转型的独特性同建筑创作之间寻找现象背后的关联机制。深入挖掘当代俄罗斯建筑创作发展变化的社会根源，以社会体制、社会经济、社会心理三个同源于社会语境的视角为出发点，分析当代俄罗斯建筑创作产生的各种"转型"效应。

首先，社会体制转型是当代俄罗斯建筑创作机制转型的社会根源。基于对社会体制转型及其突变性特点的分析，论述建筑创作从社会主义一元化走向转型时期的双轨运行，以及双轨运行中的创作机制缺失。通过对社会构型分化发展的分析，论述建筑创作的分化发展及其发展过程中的不均衡特点。

其次，社会经济转轨是当代俄罗斯建筑创作市场化发展的社会根源。通过对社会经济发展特点的分析，总结由此引发的建筑创作市场化转轨、商业建筑的繁荣发展以及建筑创作的多元化发展，并通过建筑创作实例进一步阐释市场化发展引发的创作变化。

最后，社会心理转向是当代俄罗斯建筑创作审美变迁的社会根源。通过对转型时期社会心理的变化分析，总结由于审美变迁引发的教堂建设、宏伟表现以及标新立异的建筑创作，并通过建筑创作实例印证社会心理对建筑创作的影响效应。

本章注释

[1]　H·丹纳著. 艺术哲学 [M]. 傅雷译. 北京：人民文学出版社，1963：6.

[2]　候海涛. 感受俄罗斯新建筑 [J]. 建材发展导向，2003（4）：62.

[3]　赵定东. 中国与俄罗斯社会转型模式比较研究 [J]. 长白学刊，2007（5）：84.

[4]　冯绍雷，相蓝欣主编. 转型中的俄罗斯社会与文化 [M]. 上海：上海人民出版社，2005：1，438，326，268.

[5]　阿尔巴金. 俄罗斯发展前景预测——2015 年最佳方案 [M]. 周绍珩等译. 北京：社会科学文献出版社，2001：227.

[6]　http：//www.p5w.net/news/gjcj/200609/t501967.htm

[7]　潘大渭.俄罗斯的社会转型思考 [J].俄罗斯研究，2004（1）：69-75.

[8]　巴特·戈尔德霍恩，渡边腾道，莫里吉奥·米利吉著.外国建筑师眼中的莫斯科新建筑 [J].翰泉编译.世界建筑，1999（01）：27-29.

[9]　韩林飞.90 年代俄罗斯新建筑 [J].世界建筑，1999（01）：20，21.

[10]　巴特·高德霍恩，菲利浦·梅瑟著.俄罗斯新建筑 [M].周艳娟译.沈阳：辽宁科学技术出版社，2006：22，14，184，198，206，207，209，219，237，225，227，228，230，214，215，185-187，75-77，96，97，87，122-125，201-203，199，151，171，172.

[11]　Artindex06.2006：119，23，58，113.

[12]　Annual Publication by the Moscow Branch of the International Academy of Architecture Year 2004-2006：74，11，63，149，62，150，66，68，101，81，150.

[13]　http：//www.e-architect.co.uk/images/jpgs/moscow/crystal_island_foster130108 _1.jpg.

[14]　http：//tupian.hudong.com/a0_85_76_01300000369368124229761364607_jpg.html.

[15]　http：//photo.zhulong.com/proj/photo_view.asp?id=3366&s=15&c=201035

[16]　Artindex05.2005：62，63，46，45，36，80，81，26，27，29，101.

[17]　http：//www.visionunion.com/article.jsp?code=201002050121.

[18]　莫斯科国立第四设计院作品集：207，310，305，329，294～301，184～187，242～245，261～263.

[19]　http：//www.visionunion.com/article.jsp?code=201002050121.

[20]　关雪凌.俄罗斯经济的现状、问题与发展趋势 [J].俄罗斯中亚东欧研究，2008（4）：27-35.

[21]　И.П.Николаева Т.Н.Волкова，2001：136.

[22]　安启念.新世纪初俄罗斯社会思潮.教学与研究，2002（7）：48-53.

[23]　http：//www.drcnet.com.cn/DRCnet.common.web/DocViewSummary.aspx? LeafID=14040&DocID=1738913.

[24]　http：//www.abbs.com.cn/news/read.php?cate=3&recid=28835.

[25]　Annual Publication by the Moscow Branch of the International Academy of Architecture Year 2003：80，85，104，71～73.

[26]　http：//www.abbs.com.cn/news/read.php?cate=3&recid=18653.

[27]　http：//photo.zhulong.com/proj/detail3366.htm.

[28]　http：//photo.zhulong.com/proj/detail30617.htm.

[29]　郑忆石.20 世犯 90 年代俄罗斯传统宗教哲学"热"因探析 [J].俄罗斯研究，2001（2）：44-48.

30　http：//www.far2000.com/information/far2000/20080307/030K4632008.html.

31　http：//www.sany.com.cn/products/zh-cn/cases/090716p5slyh2xfgedvu_for_con crete_case_
　　text.htm.

32　http：//www.far2000.com/information/far2000/20080307/030K10R008.html

33　http：//design.sunbala.cn/2009-02-17/286893_show.shtml.

34　邢子岩.福斯特及合伙人事务所 [J].城市建筑，2007（10）：77，78.

35　http：//baike.baidu.com/image/6c63514a3c144f3f08f7ef69.

36　http：//www.e-architect.co.uk/images/jpgs/moscow/crystal_island_foster130108_1.jpg.

第4章　文化视阈下建筑创作的多元发展

俄罗斯著名学者德·利哈乔夫曾经强调：文化是了解一个国家和民族的基础[1]。社会转型远不只是一种社会体制的变迁，它激发起的是人们的生活方式与生存方式的变化，是对各类制度环境下生存着的人们的创造能力和应变能力的考验，因此，社会转型必然引发随之而来的文化变迁。在社会转型的冲击与洗礼中，俄罗斯文化的自身认同问题，以及与之相关的各个领域的发展所表达的精神境界与格调，已经与苏联时期有了很大的差异，表现出前所未有的失落与迷惘。但是，与此同时，我们也不难发现转型时期的俄罗斯文化在迷惘中所表现出的一种自强不息的精神和一种多样化的追求。

在社会转型所带来的危机——复兴的社会现实中，俄罗斯文化呈现出内爆式的多元化表象，然而深入分析这些纷繁复杂的表象，在深层含义中却表现为在混沌中追求文化出口的三个主流倾向。首先，社会转型所带来的重重危机和经济崩溃无疑给文化的发展带来举步维艰的困境。在这种困境之下，人们必然会把眼光投向过去，从历史的废墟中，从古典法式中，去寻求突破现行的窠臼或框框的契机。于是人们开始怀念曾经辉煌的古典文化，并转向对古典文化的延续与发扬，期待古典文化的复兴能够引领俄罗斯文化走出现实困境，再度实现俄罗斯文化的辉煌，这种追求在俄罗斯社会转型时期表现为古典文化强大的延续性。其次，在东方的机制解体，而面向西方的改革却使国家陷入更加严重的危机时，俄罗斯文化失去了追寻的方向，于是转而寻求自身民族文化的发展。在普京融合了东方特点和西方手段的"新政"初见成效之后，俄罗斯文化也开始寻求既不是东方也不是西方，而是具有独特性的东西方文化整合发展而形成的民族文化，并期待完全属于自身的民族精神的复兴与强大可以引领文化走出混沌。最后，在全球化的今天，任何一个国家想独立封闭地发展都是不可能的，走向市场经济的俄罗斯无疑已经融入全球化的市场和资源配置之中，这必然导致文化发展的趋同倾向。对先进文化的追求成为社会精英阶层的理想，而大众文化的冲击又契合了混沌的社会现实，人们在无限扩张的信息与媒介中任意选择符合现实的文化形式与潮流，全球性趋同的文化发展已经成为无法逆转的现实。总之，转型时期的俄罗斯文化是一个极其复杂的系统，是由各种文化子系统组成的复杂体系，从其发展的内部机制看，俄罗斯文化正在从社会主义时期单一主流的发展转向转型时期兼容并蓄的多元化发展。

在社会转型的新时期，俄罗斯文化的发展变化必然催生出与之相适应的新的建筑样式和形式结果，这正是建筑艺术生命活力的体现。一切文化最后沉淀为建筑作品的品质，这种品质是社会集体无意识（collective unconsciousness）的总体产物[2]。建筑创作无法脱离文化语境，文化语境中的建筑作品与建筑创作中的文化体现，合为建筑文化。因此，建筑创作必然同发生剧变的社会文化"同生共进"，进入了多样化的整合发展时期，再不是如"社会主义内容"、"民族形式"等单纯的准则能够评价的了。俄罗斯建筑文化的"社会主义"枷锁被消解，取而代之的是建筑文化自身形式结构的裂变，同时，伴随西方和东方各种思潮和理论的冲击，建筑创作呈现出多元化倾向，这种多元并存的格局极大地丰富了俄罗斯转型时期建筑创作的发展。无论是传统复兴、注重历史和文脉延续的建筑表现，还是追求个性与象征、反映时代技术特征或反映地域文化特色的建筑创作，归根结底都是根植于文化发展的基础之上。由此，从文化视阈进行审视，无疑有助于理清俄罗斯转型时期建筑创作的发展脉象。

4.1　文化视阈的研究基点

4.1.1　建筑创作的文化维度

如果说社会因素对建筑创作的决定作用是内在的，是通过社会价值体系、法制体系、经济推动等作用间接实现的，那么文化维度在建筑创作的表现则是外显的，它直接作用于建筑创作的形式表现上。

4.1.1.1　文化维度对建筑创作发展的影响

建筑创作的文化维度可以分为浅层结构的文化维度和深层结构的文化维度，浅层结构的文化维度对应了显型建筑文化，而深层结构的文化维度则对应了隐型建筑文化。前者具有符号性，可以从外部加以把握，包括建筑物质文化、制度文化和行为文化。后者是隐藏在显型建筑文化后面的知识、意向、态度以及价值观念、审美情趣、思维方式所构成的民族性格，具有顽强的稳定性和延续力，可以称之为建筑文化的深层结构。建筑浅层的物质文化，更富有时代性、是最活跃的因素，发展快；深层的精神文化最富有民族性，相对稳定，变化最慢。建筑文化的浅层结构促进世界建筑文化交流的加速而出现"趋同"现象，体现了建筑的世界性也称国际性。而建筑文化的深层结构则同地区自然、人文环境紧密联系，体现了建筑的地域性。

俄罗斯转型时期的建筑文化在显型层面遭到西方文化，尤其是欧洲文化的冲击。普京曾表示："俄罗斯是属于欧洲的"，这表明了俄罗斯始终在争取融入欧洲的文化立场，这种立场在转型时期促进了俄罗斯文化"西方化"趋势的愈发明显。西方的生活、心理、思维、教育、信仰和行为等模式在俄罗斯大行其道。表现在建筑创作方面，西方各种建筑文化、思潮越来越积极地在俄罗斯建筑舞台上展现自我，它们在转型时期的俄罗斯建筑创作表现的空间占据关键位置，为当代俄罗斯建筑创作多元化的调色板增添了色彩。社会发展、时代前进，建筑文化的世界性的发展是不可阻挡的历史潮流，多元并存、多中心必将成为世界建筑文化发展的规律和主流，也是俄罗斯转型时期建筑文化发展的主要趋向。

同时俄罗斯是一个有着深厚文化艺术传统根基的国家，在建筑义化的隐型层面始终受到民族传统的深刻制约。这促使当代俄罗斯建筑文化在随着历史的发展受到进步文化的影响的同时，又具有强烈的民族主义情怀，表现出明显的地方性。正是依靠俄罗斯各民族建筑文化的地方性特色的表现与发扬，从而形成和丰富了独具特色的俄罗斯转型时期的建筑文化。

4.1.1.2　俄罗斯文化的独特本质

俄罗斯地处欧亚交界，其广大的地域空间将东方和西方连接起来，正是所处的特殊地理位置，使俄罗斯文化的产生和发展深受东方文化和西方文化的影响，有着东方文化和西方文化的技术和传统基因，既受西方文化的影响，又受东方文化的制约，深深地打上了文明结合的烙印。俄罗斯文明是欧洲文明与亚洲文明融合的产物，俄国学者尼·别尔嘉耶夫认为："俄罗斯民族不是纯粹的欧洲民族，也不是纯粹的亚洲民族。东方和西方两股世界之流在俄罗斯发生碰撞，俄罗斯处在两者的相互作用之中。俄罗斯是世界上的一个完整部分，是一个巨大的东西方，它将东西方两个世界结合在一起。在俄罗斯精神中，东方和西方两种因素永远在较劲。"[1] 俄罗斯著名思想家费多托夫1975 年曾用具有两个焦点的椭圆来表示俄罗斯文化的深层结构。费多托夫认为，要解开俄罗斯文化之秘这道难题，唯一的出路就是放弃一元论，把集体主义灵魂作为对立面的统一来描写。把对立面的统一归纳成相反的两种类型。那时文化示意图将不再是一个圆，而是一个椭圆。它的双焦点形成一种应力，这种应力使不断变化的共同体的生存和运动成为可能[3]。由此，构筑了俄罗斯文化独特的矛盾性与融合性。

首先，俄罗斯的欧亚实质是一个独立的精神历史的地缘政治的特殊现实，东西方文化两种不同潮流在俄罗斯地缘政治的精神空间的碰撞，决定了俄罗斯精神内核的本质。俄罗斯文化形成的特殊根源使俄罗斯文化的产生和发展有着东方文化和西方文化的技术和传统基因。俄罗斯文化发展既受东方文化的影响，又受西方文化的熏陶，使俄罗斯文化的深层结构具有既非东方又非西方，既是东方又是西方的独特的二元性。这种二元性决定了俄罗斯文化的深层结构中与生俱来的矛盾性，就像任何一种文明结合部文化一样利用东西方的二律背反，具有东方和西方的矛盾对立。

其次，同时俄罗斯文化的发展也是一个东西方文化融合的历史，不断从东西方文化中吸取营养的同时，又与东、西方文化对立，始终在西方文化和俄罗斯传统文化之间徘徊，不断寻找俄罗斯自身独特的前进道路，却难以在俄罗斯传统和西方文化中找到最佳结合点。按照萨维茨基的观点，俄罗斯历史同一性的基础是它的中间性 [4]。它不是欧洲的一部分，也不是亚洲的继续，而是一个独立的精神历史的地缘政治的特殊现实——"欧亚结合体"。[5] 俄罗斯的欧亚实质常常被理解为一种物质的西方与精神的东方的历史的对话，物质西方追求向自然的不断扩张，精神的东方保持与大自然美妙和谐的回忆。东西方文化两种不同潮流在俄罗斯地缘政治的精神空间的碰撞与融合，决定了俄罗斯精神内核的本质。可以说，这种东、西方文化在尖锐的对话中不断融合发展一直是俄罗斯文化发展的主线。

4.1.1.3　转型时期文化的冲突与多元

伴随着苏联解体的政治环境的巨大变迁，俄罗斯的文化在转型时期发生了惊人的变化。社会转型的"土壤"条件直接孕育出的无疑是政治思想和社会意识的多元化，而这又必然导致文化的多元化发展。只允许一种意识形态，一种创作、评论方法存在的时代已不复存在，取而代之的是一个全新阶段的来临。

首先，社会转型之后的当代俄罗斯文化既融入市场机制，又受制于极权主义。它既寄希望于国家的文化"父道主义"，又充满着要为生存而竞争的精神，因而，新的历史阶段在许多人看来是"混乱""崩溃""摧毁"的同义词。但是多种文化冲突对立的同时，客观上也推动了俄罗斯转型时期文化的转型发展。伴随社会的转型，俄罗斯文化艺术同样处于"过渡—转型"状态，不确定性弥撒在其所有的层次、形式和领域当中。但结合历史和现状来看，这种转型是创造性的、进步的，而不是毁灭的、倒退的。艺术家们以自己的探索和尝试，将彼此不调和的东西结合在一起，成功和失败的勾勒，塑造着转型时期的文化表现，这便是典型的俄罗斯转型时期文化的冲突表现。

其次，俄罗斯转型时期的文化发展进入了新时期的文化综合，把民族传统文化和国际各种文化潮流并置，把完全相反的互不妥协的现象集中到了一起，这种集中没有任何中间性，排除了对思想两极进行调和的中立价值和折中解决的"中间"领域，从而形成了多种文化并存的多元化局面。摆脱传统模式的束缚，从形式到内容全方位的多元化，多角度、多层面、多样式地反映现实，对昔日的反思由社会学层次朝历史文化层面深化，对现实社会的审视在更广阔的时空上与文化哲学思考有机结合——这是经历洗礼的转型时期俄罗斯文化引人注目的多元化特征。

从某种意义上来说，转型时期的俄罗斯建筑创作的发展体现了多文化的融合，努力促进所谓本土传统文化和外来自由文化的结合，这种结合在价值——意义、形象——联想、思想——情感等诸多方面都有一种模糊性，而这种模糊性作为促进建筑文化发展的动力，又为一种建筑文化范式向新时期的转变提供了条件。在社会转型的新时期，文化上的自由、对外交流的顺达、传播手段的扩大使建筑师运用各种技术和风格进行创作成为可能。社会宽松的文化环境使建筑创作变得活跃，创作发展的广度和深度得到了拓展。建筑创作上的自由和不自由、积极和消极、打破固定模式的探索和一成不变的"复制"——在这一系列的对比冲突中，建筑文化的表现斑杂而又支离零碎，创作风格上的矛盾与多元成为俄罗斯转型时期建筑创作的一个主要特点。

4.1.2 传统文化的认识转换

4.1.2.1 传统文化的延续性

文化延续说认为，文化的变化是一个渐进的、辩证发展的过程。俄罗斯传统文化经历了漫长的积累过程，形成了自己独特的传统文化体系，成为长期以来人们思想和行为的准则，无所不在地影响着人们生活的方方面面，并在遇到外来文化时，显示出强大的影响力。社会转型时期的俄罗斯文化在开放的体系下受到外来文化特别是西方文化的强烈冲击，一时间社会文化呈现混沌与复杂的多元化表象。但是在这种多元化的社会文化中，传统文化在窘迫的社会环境中并没有走向消亡，而是以一种巨大的坚持力寻求延续，并产生了新的发展，这无疑契合了文化延续学说的理论。

传统文化的延续性表现在建筑领域则体现为对古典主义建筑的坚持与发展，古典主义建筑以强大的生命力验证了对传统文化的延续。伴随着俄罗斯建筑的发展历史，古典主义完成了在俄罗斯的自我完善。从彼得大帝统治时期的古典主义舒适风格发展到豪华的巴洛克式建筑；从叶卡捷琳娜二世时期线条严整、造型柔和的古典式建筑到俄罗斯帝国样式的兴盛；从保罗一世整齐的古典式街区和宏伟的古典建筑群的兴建到尼古拉一世时期折中式古典主义；从 20 世纪初古典式建筑正面到 50 年代融入古典装饰手段的俄罗斯现代主义建筑的发展，其实质都是古典主义建筑风格在俄罗斯建筑发展中的自我整合，可以说，正是古典主义风格建筑的不断发展与完善决定了俄罗斯大部分城市中心的面貌。俄罗斯建筑对古典建筑美学的追求，在形式上推崇形式美的规律，比例、构图、柱式、形体的组合、整体的秩序在千百年的推敲中形成了一套完美的范式，这些范式成为传统建筑文化的根基延续至今仍表现出强大的生命力。因此，即使在今天不断涌现新的建筑类型时，不少建筑师仍然沿用已有的范式去容纳新的功能和要求。俄罗斯的城市面貌仍然因其古典主义的建筑文化而得到赞扬。笔者在访问俄罗斯圣彼得堡国立建筑工程大学时，尤里教授认为："俄罗斯古典主义的建筑文化是今天俄罗斯建筑创作中最值得骄傲的一个部分"。由此，我们就不难理解在转型时期的重重危机中，俄罗斯建筑文化为何会转向古典主义的辉煌成就。

4.1.2.2 传统文化的变化性

文化传统本身并不是一成不变的，人类的历史证明，传统文化只有不断吸收和融合适应时代的先进文化才能在发展中保持自身的先进性。由此，俄罗斯在社会转型时期，传统文化的发展在继承的基础上呈现出变化性的特点。变化既是内容上的，又是形式上的，这与单纯的延续传统文化范式带有本质的区别。转型时期的"自由"环境使传统文化的发展更加活跃，经历了传统风格禁锢的社会主义实用主义之后，传统文化的复兴更加灵活，创作思维更加多样。

传统文化的变化性发展同样体现在建筑文化的发展中，表现为对古典主义的现代认知。古典主义的建筑文化是一个多向度、多侧面、多层次的动态复合结构，现代认知不仅是对这个复合结构的认知态度，也是在建筑创作中寻求超越传统的古典主义创作手段。古典主义建筑文化在不同的时代有不同的审美标准和发展方向，对古典主义的标准作出不同的阐释和选择，在社会转型的今天，简单地复制古典主义范式只能僵化地继承建筑历史，从而使古典主义的建筑创作失去了发展的基础。因此，只有在现代的认知当中，才能克服由于时代的间距所造成的历史落差，真正建立起与传统建筑文化沟通和对话的精神联系。从而使建筑师创作超越传统文化的历史范式，在建筑领域引导了对古典主义的变化性继承，形成现代语境下古典主义的新发展。

4.1.2.3 传统文化的异化

俄国的历史是不断扩张与移民的历史，开拓疆域的亢奋使民族精神具有"力求极端"的内在冲动。民族精神的这种极端性不仅是文化创作的原动力，同时也引发了异化发展的激情。在社会发展越来越复杂的过程中，传统文化的延续同现代文化的发展呈现出明显的冲突性，这种冲突导致传统文化的发展具有自身的破坏性。同时在转型的社会环境中，现代文化分化发展而产生的各种文化潮流涌入俄罗斯，并不断拓展文化的发展方向，引发不同于古典主义审美范式的美学转型。传统文化自身的破坏性和现代文化的多元化冲击成就了特殊的创造力，伴随着古典主义美学的转型，这种创造力引领俄罗斯传统文化走向异化。传统文化的异化发展表现在当代俄罗斯古典主义建筑创作上，则催生了对古典主义建筑范式的戏弄，无论是夸张的对比手法，还是古典模式的变异，这些根植于古典主义又不囿于古典范式的建筑表现，一方面体现了对古典主义建筑的执着，另一方面又契合着现代社会变异的审美体验，于是，对于传统的古典主义建筑的发展又衍生出异化的潮流。

4.1.3 地域文化的双重表现

俄罗斯民族是一个十分特殊的民族，在世界民族之林中各个民族因其自然环境和社会发展状况的因素固然展现出迥然不同的精神风貌，但任何一个民族都不像俄罗斯民族那样独特，任何一个民族的文化都不像俄罗斯民族文化那样复杂。这是因为俄罗斯民族不仅有着农业社会的文化根基、横跨欧亚大陆的幅员辽阔的疆域，而且有着一部起伏跌宕、徘徊于东西方文明之间的历史。这种特有的地理环境和社会发展背景决定了俄罗斯民族特有的文化形态。因此，在文化视阈下只有从地域观角度深入剖析俄罗斯民族文化的形成与发展，才能够更加清晰地审视当代俄罗斯建筑创作的发展脉络。

从地域观的角度分析俄罗斯民族文化，不难看出其特殊性主要表现在两个方面：一方面由于自然环境决定的源于农业社会的文化形成，使俄罗斯民族文化带有明显的自然性特征；另一方面，特殊的地理位置，使俄罗斯民族文化的形成始终伴随着东西方文化的融合，同时在国家不断扩张的过程中，民族文化的形成是不断融合东西方文化的整合过程，这使俄罗斯民族文化明显地具有二律背反的双重性特征。民族文化的特殊性表现在建筑层面，则构成了建筑文化的地域性特征，使根植于民族文化的地域建筑创作在俄罗斯转型时期形成独具特色的建筑表现。

4.1.3.1　地域文化的自然性基础

俄罗斯民族文化的雏形，如同中世纪欧洲的城市和农村文化一样，是由典型的农业社会的胚胎造就的。因此，对自然的崇拜与热爱在其民族文化和民族精神的形成中，成为一个极为重要的特殊因素。由于自然界的天然力量主宰着斯拉夫人的命运，因此他们对大自然中的一切都奉若为神。他们认为自然状态是人类存在的理想形式，只有脚踏广袤的黑土地、投身到大自然中去就会感受到生命的源泉，才有立足之本，才不会被城市的污泥浊水吞没，俄国人感触自然的原动力要比接受拉丁教育的人强烈得多。因此，俄罗斯地域文化是一种充分体现农业社会基础和自然界状态的文化。

地域文化的自然性特征在当代社会则突出地表现在对自然环境的尊重与保护上。我国建筑设计大师蔡镇钰在跨境居住文化学术研讨会上曾赞扬俄罗斯的生态观念，他说："因为俄罗斯人和大地和树非常的有感情，写了很多有关生态的东西。那么生态的东西，生态的文化，就表达了人和自然的情感非常的真挚，他是建立在自然中进化的基础上，又提高了文化层次"。正是由于民族文化对自然的尊重，使俄罗斯建筑文化表现出先进的生态化理念，这种生态化与当代高技术理念下的生态建筑理念所不同的是，这种生态的观念是建立在地域文化基础之上的，在建筑创作中表现为一种低技术的地域性创作。

4.1.3.2　地域文化的双重性特征

俄罗斯是一个地跨欧亚两大洲的国家，独特的地理位置在某种程度上创造了俄罗斯文化的民族性，同时也在某种程度上塑造了俄罗斯精神的双重性。按照19世纪俄罗斯著名思想家恰达耶夫的观点，俄罗斯"既不属于欧洲，也不属于亚洲"。说它是欧洲国家，它的版图却占有亚洲1/3的陆地。说它是亚洲国家，无论是它的发源地，还是政治文化中心都在欧洲。这种独特的地理位置使俄罗斯置身于东西方文化的交界处，民族文化历史始于贸易途中的十字路口上，发展于东西方文化的交叉路口上。因此，俄罗斯民族文化从它产生之日起，就受到了东西方文化的双重作用。

从文化发展的进程来看，俄罗斯文化正是在东西方两个强大的文化磁场间不断摆动形成。基辅罗斯接受基督教，是俄罗斯文化第一次面向西方的转型；蒙古统治及鞑靼文化的楔入是第一次面向东方的转型；彼得一世学习西方的改革，是俄罗斯文化第二次面向西方的转型；十月革命和苏维埃政权的建立，俄罗斯第二次面向东方转型；1991 年苏联解体，从政治到经济的全盘西化成为当代俄罗斯面向西方的第三次转型；而这次转型并没有实现"西方化"，反而将俄罗斯社会陷入更加深重的危机之中。普京上台以后不能说他将叶利钦全盘西化改为东方化，但至少在他的政策中加入了东方因素，实行了兼有东西方色彩的"新政"。东西方结合部文明，表现为俄罗斯思想的全部复杂性和矛盾性，如别尔嘉耶夫所说，"东方与西方两股世界历史之流在俄罗斯发生碰撞，俄罗斯处在二者的相互作用之中。"[6] 俄罗斯文化正是在东西方两种文化的交织与融合中，经过了一千多年的酝酿发展，形成了自己独具特色的民族文化。

同时，俄罗斯的民族文化因其地理位置的特殊性和形成过程的复杂性而具有明显的两面性、矛盾性。一方面，东方和西方文化的碰撞，激化了俄罗斯民族文化本身的冲突性，表现为既西方又东方的独特性。另一方面，社会阶层对文化的不同态度使俄罗斯民族文化的形成具有自身的矛盾性因素。正如普列汉诺夫所述，"一方面是社会上一部分最高文化阶层的欧洲化，另一方面是亚洲生产方式的深化和东方独裁专制的强化。"[7] 由此，民族文化自身的两面性、矛盾性特点加剧了当代俄罗斯民族文化的双重性

这种兼具东方文化和西方文化双重特色的俄罗斯文化在城市发展与建设中表现为独特的地域建筑创作，既推崇西方石构建筑的结构特点，又吸收了东方木构建筑的特色；既崇尚西方拜占庭文化的古典建筑，又不愿放弃东方伊斯兰风格……，总之，在这些建筑风格的交融中，俄罗斯地域建筑通过不断整合发展，从而成为当代俄罗斯建筑创作的一枝奇葩。

4.1.4　文化趋同的多元整合

4.1.4.1　文化扩张

在整个俄国历史上，一个处于支配地位的主题是疆界，由于俄国人的不断迁移的运动，俄国领土不断地进行着横贯欧亚大陆的扩张。不断的领土扩张成就了斯拉夫民族性格的扩张性，并逐渐发展为拯救世界的民族理想。别尔加耶夫曾在《俄罗斯命运》一书中说"俄国人的理念不是文明的理念，是一种终极关怀式的普遍救世理念"[8]。这种救世主的民族理念使俄国人愿意承担救世主的角色，不仅将国家的领土边界扩张到最大，同时也将斯拉夫民族文化扩张到整个欧亚大陆。由此，当代俄罗斯文化的形成从历史层面来看，无疑具有独特的扩张性。

俄罗斯文化的扩张性在历史上表现在对其他民族的征服，从而推广自身的优秀文化。而当世界发展进入现代阶段以后，世界格局的定型终结了国家领土扩张的历史，于是文化的扩张则表现为在民族救世主精神的推动下，俄罗斯人积极促进民族辉煌文化成就的向外扩散。近代苏俄前卫艺术的对外传播与扩散成为近代俄罗斯文化扩张的典范。

苏俄前卫建筑运动，发轫于1917年伟大的十月社会主义革命，在经历了15个年头的发展之后，于1932年开始走向衰落。但是苏俄前卫建筑运动取得了辉煌的成就不仅对苏联建筑的发展产生了深远的影响，而且对世界范围内的现代主义建筑运动的确立和发展也发挥了积极的促进作用[9]。由于苏俄前卫艺术家和前卫建筑师与西欧主要的前卫运动中心建立并保持了密切的联系，使前卫运动思想在欧洲迅速推广，并以不同的方式在不同的国度中得到反响。苏俄前卫建筑运动思想的对外扩散，直接影响了荷兰"风格派"的产生；奠定了勒·柯布西耶的"新精神"的基础；影响了包豪斯的教育理论，从而影响了世界现代主义建筑的基本原则。其中，最具有代表性的是构成主义和表现主义在西方的传播。

（1）构成主义艺术理念的扩张　作为苏俄前卫建筑的代表，构成主义早在20世纪20年代初就已经跨出国门，走向西方。佩夫斯纳和加博兄弟移居德国，直接带去了早期构成主义思想。佩夫斯纳于40年代中赴美，并于50年代初任哈佛大学建筑系教授，为苏俄前卫思想在欧美的传播做出了一定的贡献。1919年，里西茨基开始从事构成主义的探索，把绘画上的构成主义因素运用到建筑上去。1922年，在柏林举办了第一届俄国艺术展，第一次向世人展示了年轻的苏俄前卫艺术的发展状况，并在西方引起轰动。素有"红衣使者"之称的里西茨基，在西方宣传苏俄前卫艺术和前卫建筑运动，为传播构成主义思想，发挥了举足轻重的作用。1920年，宇诺维斯在荷兰和德国展出自己的作品，对荷兰"风格派"产生了直接的影响。此外，康定斯基为包豪斯带去了苏俄前卫运动的思想成果，尤其是构成主义的艺术成果，直接影响了包豪斯的教学方法、创作观念、组织体系的形成。在构成主义的直接影响下，包豪斯的创作开始走向群众、走向普通需求阶层，开始面向社会。可以说，苏俄构成主义在西方的传播与发展对西方现代建筑的发展起到了举足轻重的作用。

（2）表现主义幻想建筑的扩张　苏俄表现主义的代表切尔尼霍夫可谓硕果累累，创作遗产极为丰富，共著有五十余部关于建筑、造型艺术等方面的理论著作，并完成了一万八千件构图和设计作品。这些理论和作品在欧洲广为传播并受到高度的关注：1973年在意大利维琴察市建筑中心，举办切尔尼霍夫建筑幻想作品展；1983—1984年，由伦敦皇家建筑学院出面，在伦敦、格拉斯哥和阿姆斯特丹等地分别举办了切尔尼霍夫作品展；1981年，美国和日本同时再版了切尔尼霍夫的著作《建筑幻想·101幅构图》；

1985 年，英国再版了他的另一部著作《建筑及机器造型的构成》；1986 年年底，巴黎蓬皮杜中心为切尔尼霍夫举办了西方首次个人作品回顾展，共展出 150 件作品，获得巨大成功。正是由于苏俄前卫建筑运动和前卫艺术的广泛传播，使切尔尼霍夫对几何装饰图案、至上主义、格拉费卡艺术的研究；现代建筑形象的构成理论以及充满表现主义激情的建筑幻想作品受到西方建筑界的青睐。

建筑对于切尔尼霍夫来说，无论是字面上，还是从内容上讲，都具有某种"遇见、揭示"的含义，这些"乌托邦"式的作品表明了格拉费卡艺术不仅是实用性的，同时也是创造性的，这种艺术对于切尔尼霍夫来说不仅仅是表现的手段，同时也是创作的手段。这些表现主义的幻想建筑作品具有强大的生命力，无疑对 20 世纪现代建筑运动的发展起到了推动作用。

苏俄的前卫建筑创作虽然在俄国遭遇挫折，没有发扬光大，但是其建筑成就和不断创新的建筑思想却在欧美得到了发展，在同欧美建筑理念的融合中得到了进一步的扩展，从而成就了今天西方建筑的辉煌。在信息共享的全球化发展的今天，当代西方建筑又以高度发达的成就冲击着当代俄罗斯建筑的发展，影响和拓展当代俄罗斯的建筑创作，从而形成了苏俄前卫建筑运动在当代社会背景下的文化倒流现象。

4.1.4.2　文化崇拜

俄罗斯是一个地跨欧亚两大洲的国家，在其跌宕起伏的形成历史中，经历了多次"西方化"的改革，足以表现出斯拉夫民族对西方文化的崇拜与追求。彼得一世的西化、叶卡特林娜的"开明君主时期"、亚历山大二世的改革、斯托雷平改革等都表现了统治阶层对西方文化的崇拜。明显的"西方化"的社会最高文化阶层认为，传统文化是迟滞俄国社会进步的重要原因，安于现状，难以接受新事物，使俄国封闭和落后。

俄罗斯转型时期文化的西方崇拜表现在建筑领域中，则体现为西方各种建筑思潮对当代俄罗斯建筑审美的扩展。在经历了几十年的社会主义建筑审美压抑之后，伴随着开放的社会，转型时期的建筑审美在短时间内接受了西方建筑审美的历时性发展。首先，在建筑文化的趋同背景下，国际风格建筑以其同功能主义的同源性而成为当代俄罗斯建筑向西方学习的契机。国际风格的建筑遵守现代建筑美学，依然追求和谐与完美，但是它不再依靠完美的范式取得显而易见的效果，而是反映了时代背景下简洁、理性的美学特征。形体组合趋于复杂和自由，节点表现构件与构件之间的力学传递的特征和精确的理性美感，空间组织追求实际效能和逻辑性，由此，国际风格的建筑在当代俄罗斯建筑创作中成为追求西方建筑文化表现的主流。其次，随着西方文化的进一步冲击和俄罗斯市场经济的建立，大众文化以独有的娱乐性心理和平民艺术的形象契合了俄罗斯民众的审美和文化要求，从而迅速融入当代俄罗斯建筑创作的发展。大众文化以不和谐、不完美的艺术形象表现了社会现实和精神现实的美学特征，间接地反映了生存现实带给人们的忧伤和精神世界的空虚。一些平庸、粗俗、大众化的形象开始出现在建筑领域，反讽、波普、娱乐、残缺成为新的审美体验，进一步拓展了当代俄罗斯建筑审美内容。

4.1.4.3 文化兼容

从趋同观的角度来看，俄罗斯文化的发展历程就是一个多民族文化的趋同过程。历经千年发展的俄罗斯文化，其最本质的特点就是它的兼容性，俄罗斯文化是属于东方和西方上百个民族的，它反映着欧亚上百个民族的全部特点。从地理环境来看，俄国地处欧亚接合部，为诸种文明所环绕，西南是拜占庭文明的中心地带，南方是以穆斯林为主体的各草原、山地民族所构成的伊斯兰文化的边缘，北边是诺曼人的海盗驰骋的疆场。有史以来每一次大的民族征服都给它带来强烈的震荡，也令各种文明的影响混杂于其中。从民族构成来看，广义上的俄罗斯民族是一个由多民族通婚所构成的混杂体，是一个在不断的征服与被征服的过程中正在逐渐融合的民族。经过诸多世纪的融合发展，一些富有侵略性的游牧民族，在与俄罗斯文化和生活共融的过程中，渐渐失去了自己狂热的扩张主义欲望，而变成了俄罗斯民族群体中的一员。俄国在不断的征讨过程中，与外来文化的渗透、融合、对立、冲突，兼容了其他民族文化的一切长处，从而不断拓宽本民族的文化范畴。正如俄罗斯唯心主义哲学家、人格主义的代表人物尼·奥·洛斯基所总结的那样"俄罗斯族有能力兼容任何民族类型的一切长处"。那么，兼容了众多文化的俄罗斯文化本身就是一个多元化的综合体[10]，是在斯拉夫文化的基础上，广为吸收欧洲文明、伊斯兰文明、犹太文明，乃至远东文明。

当代俄罗斯社会的转型发展，使俄罗斯经历了巨大的经济、政治和社会的危机与混乱，传统的俄罗斯文化受到西方文化的巨大冲击。俄罗斯文化突然面临一个的问题，如何兼容巨大的"西方文化"。多数民众感到缺乏明确行为模式和理念的引导，从而形成了社会文化的无序状态，由此，转型时期的俄罗斯文化进入了后现代主义时期的多元化发展。这种多元化是相互对立力量聚合的产物，也是彼此难以共处的文化之间冲突的产物。如果说西方后现代主义萌生于知识分子个性化创作探索的话，那么，俄罗斯后现代主义则是俄罗斯—苏维埃文化后极权主义发展阶段的矛盾冲突的结果[11]。社会文化的后现代主义发展，导致了建筑思想和创作手段的混乱与矛盾，从而在城市建设上表现为建筑创作的无序性发展。

4.2 文化传统观下的建筑创作

俄罗斯文化的那种宏大的古典传统在人们的心理上是一种潜在力量，是俄罗斯辉煌历史的验证，从而使古典式建筑成为一种在俄罗斯土地上具有感召力与纪念作用的美学形象。俄罗斯古典主义建筑第一个发展期可以追溯到 10 世纪到 13 世纪上半叶，宏伟的教堂结构复杂、美丽如画，成为俄罗斯古典主义建筑的根基。发展到彼得大帝统治初期，单调舒适的古典风格占了上风，而在末期，开始盛行豪华的巴洛克式建筑。叶卡捷琳娜二世搭理发展线条严整、造型柔和的古典式建筑，这是世界建筑艺术中最吸引人的一种式样，并为首都奠定了庄严雄伟的建筑面貌。随后，俄罗斯古典式风格迎来了俄罗斯帝国式样，进入古典风格了发展的鼎盛时期。在保罗一世和亚历山大一世统治时期，圣彼得堡修建了一个个整齐的街区和宏伟的建筑群，使圣彼得堡充满帝国的气概。在尼古拉一世统治时期，古典式让位于所谓的折中式或历史式，其实质在于模仿古罗马、哥特式、文艺复兴式和巴洛克式的艺术。到了 20 世纪 20 年代，正面为古典式的风格占了上风，鲍里斯·约凡主持了苏维埃宫的设计，德米特里·切丘林、阿尔卡季·莫尔德维诺夫改变了苏联许多城市的面貌。60 年代初，古典主义建筑在同一模式的"盒子式"建筑的冲击下走向衰落，甚至消亡。回顾古典式建筑在俄罗斯的发展，我们可以清晰地感知古典主义传统对俄罗斯建筑创作发展的重要意义。古典主义建筑经过若干世纪磨炼整合而形成的美学范式，不仅从深层次的影响建筑师的思考方式，同时也作为建筑处理手法和建筑形象创作的宝库，这在人们的心目中是和传统文化联系在一起的。因此，古典主义建筑风格在各个社会阶层，都引起了广泛的崇敬。

　　1991 年，随着国家体制变革，俄罗斯进入了社会转型时期，当代社会文化走出了一元化的模式，走向多元化的发展格局。为了在无个性的公式化惯性建筑创作中寻求突破，人们必然把眼光投向过去，从历史的废墟中，从古典法式中寻求突破现行窠臼的契机。正如俄罗斯建筑与建设科学院主席 A. K. 罗切戈夫在写给 1999 年第 1 期《世界建筑》杂志的贺词中所说的："传统文化的延续与保护以及在新的现代建筑中如何更好地体现传统，这个课题在今天变得特别重要。"[12] 正是在传统观的指导下，古典主义建筑创作的发展体现为一种同化整合。所谓同化整合是指在俄罗斯多样化的古典主义建筑范式中，通过各种创作手段，逐渐在发展中整合出满足当代社会共同价值观的古典主义创作。从本质上讲，这种同化整合是当代俄罗斯对建筑传统文化的现代继承，也就是说在社会转型时期，探索符合现实社会的古典主义建筑创作的发展。传统观下当代俄罗斯建筑创作的同化整合在创作手法上呈现出多元化的表象：有的表现为对古典主义范式的忠实复制，以古典主义原型满足现代功能需求；有的表现为将古典主义范式进行现代化的再创造，以简化形象体现现代建筑的古典情节；有的在建筑创作中对传统建筑的造型特征进行抽象概括，归纳和运用古典主义片段创造具有时代感的古典主义建筑。总之，在转型时期的俄罗斯，对传统文化的尊重，对古典主义风格建筑的自豪感，成就了当代建筑师对古典主义风格的执着追求，并在追求中对古典主义美学范式进行不断整合，从而在变化中发展契合时代的古典主义建筑。

4.2.1 古典主义的复兴

联系世界范围内许多国家在社会变革、政权交替之时，都采取了弘扬民族精神、鼓舞民族自尊心的策略，在建筑中经常表现为采用传统继承的手法来表现民族精神的凝聚力。因此，在俄罗斯转型时期建筑文化的混沌局面中，古典主义风格的复兴却成为一个清晰的潮流，在社会转型时期获得公众的认同。古典主义风格的复兴延续古典建筑美学追求和谐与完美，在形式上推崇古典主义的美学规律，在比例、构图、柱式、形体的组合、整体的秩序中遵循在千百年的推敲中形成的美学范式。转型时期的俄罗斯对古典主义风格的复兴主要表现在两个方面：一方面表现在对历史建筑的修复与重建。对历史建筑的修复与重建不仅是转型时期的俄罗斯对宗教复兴的需求，同时也是在文化层面反映了在建筑文化溃败的现实中，对古典主义建筑成就的怀念。更为重要的是，在当代俄罗斯建筑领域形成了独立的建筑修复学科的发展。另一方面则表现在以古典主义范式去容纳新的建筑类型。传统建筑文化不仅通过古典主义的传统环境对新建筑产生影响和制约，还通过公众情感对新建筑提出古典主义风格要求，从而使新建的建筑同历史建筑具有某种内在的一贯性和连续性，以获得公众的认同。

4.2.1.1 古建重建、修复与改造

在俄罗斯建筑的历史长河中，最明显、最持久、最广泛的思潮，莫过于对古典主义建筑的追求。古典主义风格的建筑已经成为俄罗斯精神结构中的一种历史情结，一种埋藏在人类心灵深处的原型图式。只要遇到合适的土壤和温煦的阳光，这颗文化与艺术的种子就会生根发芽，开花结果。

在当代俄罗斯社会转型时期，古典主义在经历了社会主义后期的发展"停滞"之后迅速盛行，历史建筑的重建与修复作为对古典主义风格建筑最直接的复兴方式得到了政府的推崇，并蔓延到地方各州，在俄罗斯兴起一股历史建筑"重建"之风。红场上的喀山圣母像教堂、克里姆林宫内的观礼台、俄罗斯东正教最大的教堂——救世主大教堂的修复与重建更是将古迹重建运动推到顶峰。从政治意义上讲，历史建筑的重建成为新政府重塑俄罗斯昔日辉煌的工具，用以弘扬传统文化、鼓舞民族自豪感。而从建筑发展的角度来看，历史古迹的重建则反映了在新时期对古典主义建筑文化的延续和再认识，通过这种再认识推动古典主义风格的建筑在更高、更现代化的层次中进行新的发展。

从积极的角度看，历史建筑的重建与修复扭转了社会主义后期漠视建筑历史价值的发展方向，使建筑师重新转向对历史的尊重。更重要的是在当代俄罗斯建筑创作的

发展中逐渐形成了独立的古建筑保护与修复学科，致力于保护或重现与文化发展相联系的最完整的人类智慧的结晶。俄罗斯在 18 世纪就开始进行大量的古迹修复工作，但由于技术条件的局限，修复工作只是工程师们对建筑的修缮与维护行为。进入 19 世纪中期，国家统治阶层对历史建筑的漠然，致使古建修复工作陷入困境。直至 20 世纪末随着俄罗斯社会转型，宗教的复兴，对古建的保护与修复活动重新繁荣起来，复杂的大型项目的完成，促进了古建保护与修复技术的长足进步。1991 年，普鲁金教授成立了俄罗斯第一所，也是世界第一所文物修复科学院，设立文物建筑修复专业，这象征着古建修复在当代俄罗斯不仅是传统的修缮行为，而是成为一门独立的学科。进入 21 世纪，随着俄罗斯经济的逐步复苏，古典主义风格建筑的复兴，古建保护与修复结合了哲学、经济学、社会学等学科的理论，逐渐发展成为一门复杂的科学，衍生了修复管理、修复经济学、修复教育、计算机修复辅助设计等相关领域的研究，并对古建修复实践提供了有益的支持，不少建筑师为此投入了不懈的努力。今天，我们在俄罗斯可以看到大量被修葺一新的或重建的历史建筑，这些建筑奠定了俄罗斯城市环境的古典主义基础，同时促进俄罗斯在古建保护与修复方面形成了较为完备的学科体系，并在该领域处于世界领先的水平。在当代俄罗斯建筑整体水平不高的状况中，这无疑是建筑领域中值得骄傲的成就。

历史建筑的重建与修复在当代俄罗斯建筑创作的多元化发展中不仅发挥了积极的作用，同时也具有一定的阻碍性。历史建筑的"重建"之风由于过多政治因素的加入，没有经过仔细选择与规划，而在短时间内迅速产生了一批"新的古董"，这在 21 世纪的今天，与世界现代建筑发展的洪流相背离。除了那些具有重要意义的有价值的历史建筑外，新建的"古董"不仅在适应性及经济性方面不符合时代发展，在审美上也没有产生新的价值。如何在适应时代的基础上，发展古典主义风格的建筑创作成为当代俄罗斯建筑值得思考的重要问题。

历史建筑的改造是在辉煌的建筑修复成就中衍生的一个特殊的古典主义复兴途径，这个途径不同于对历史古迹的重建与修复，它对历史建筑进行了功能拓展。历史建筑的改造是在保护历史建筑的基础上，为历史建筑拓展新的现代功能，并根据新的功能对历史建筑进行改造修复，并对建筑规模进行一定程度的扩建。历史建筑的这种改造复兴无疑是在当代俄罗斯最值得赞扬的方式，不仅最大程度地保护了历史建筑以维护城市的传统文脉，同时使历史建筑的使用顺应了时代的发展，更重要的是这种方式没有在当代社会给城市带来"历史赝品"的负担。值得我们注意的是，由于俄罗斯对古典主义的热爱和对历史建筑强烈的保护意识，这种历史建筑改造复兴的现象在当代俄罗斯成为一种普遍的存在，并成为社会转型时期古典主义建筑发展的一个独特的亮点现象。

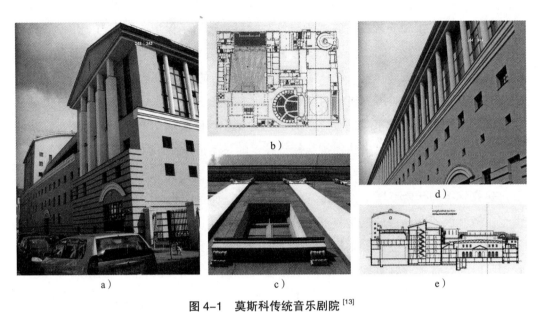

图 4-1　莫斯科传统音乐剧院[13]

a）剧院外观　b）建筑平面图　c）立面装饰细部　d）简化的柱廊　e）建筑剖面图

创作实例：莫斯科传统音乐剧院的改造与扩建：

莫斯科传统音乐剧院项目（图 4-1）选择在修复使用原有的 18 世纪建筑的基础上，新建部分建筑以满足当代音乐剧院的使用要求。由此，该项目的建筑创作面临的主要问题是如何在保护原有历史建筑的前提下将新建建筑整合到原有的古典主义建筑环境之中。这种整合不仅是新老建筑风格上的融合，还包括了建筑功能、建筑材料、建筑色彩以及亮化表现等方面的和谐共生。

整个改造及扩建分为三个部分，第一部分是对两个现存的 18 世纪的建筑的改造，一个是旧有剧院，对其观众厅、舞台及门厅部分进行了改造，以适应现代剧院的使用要求和功能流线；另一个是对原 Saltykov 家族公馆的改造，将该公馆作为传统音乐剧院建筑的一个侧翼，对其原有功能进行了置换。第二部分是为容纳排练室及行政管理办公室而新建的一个 7 层建筑，该建筑带有 3 层的地下空间作为车库及舞台设备仓库。第三部分是中庭的建设，这个中庭作为中介空间将两个经过修复的历史建筑同新建建筑连接起来。中庭空间采用半透明的玻璃顶用来为建筑引入更多的阳光，形成明亮而温暖的交流空间，同时承担了多功能的使用，可以作为音乐会、各种表演、舞会以及展览等功能的空间使用。

从建筑创作角度分析该项目，在历史建筑的改造中最大限度的保留原有建筑形态，包括古典主义的柱式以及各种细腻的装饰构件，如壁柱、窗口装饰等。而在新建部分的创作中同样运用古典主义的建筑法则，但是却采用了简化的古典主义元素，这种方式既协调了新老建筑的关系，又体现出了新老建筑的区别。例如，在新建建筑上使用经过简化的圆柱形成排列状的柱廊（图 4-1d），这在形式上符合了古典主义建筑范式，在细节上却表现了现代建筑的简洁。在窗口的处理中运用了同样的手法，一方面采用同原有历史建筑同样的窗口比例形成一致性，另一方面运用略微突出的窗台板取代了历史建筑上复杂的窗口装饰性元素（图 4-1c），从而表现对建筑现代感的追求。莫斯科传统音乐剧院作为现代剧院综合体实现了新老建筑的整合共生，成为历史建筑改造再利用的典范。它在保护城市发展历史的前提下，容纳了适应时代发展的功能体系，在体现古典主义复兴的基础上，渗透了现代建筑的语义表达。

4.2.1.2　古典主义的复制与仿造

在俄罗斯，古典根基和传统精神如此根深蒂固，除了对历史建筑的重建与修复，当代俄罗斯在新建筑上也不忘记保持这种典型的古典主义特征，从而产生了以古典主义范式容纳新功能的建筑创作，这成为俄罗斯转型时期古典主义风格复兴的另一种表现。斯特恩认为："作为一个现代人，我相信古典建筑语言仍然具有持久的生命力。我相信古典主义可以很好地协调地方特色与从不同人群中获得的雄伟、高贵和持久的价值之间的关系。古典主义语法、句法和词汇的永久的生命力揭示的正是这种作为有序的、易解的和共享的空间的建筑的最基本意义"。[14] 可以说，古典主义风格已经成为俄罗斯精神结构中的一种历史情结，一种埋藏在心灵深处的原型图式。由此，我们不难理解在当代俄罗斯新建建筑中，随处可见对古典主义的追求。

在转型时期的俄罗斯，建的建造者、使用者甚至建筑师为了保护具有表现力的、熟悉的古典主义形式，将它们作为延续传统文化的标志，进行不断的复制。因而许多新建筑都被加上了仿古的建筑立面，力求自然融合到现存的建筑环境中而不显露任何新的痕迹。这些古典主义风格的新建筑创作表现为对古典主义风格的延续和遵守，建筑通过使用特定的古典建筑形象来唤起联想。这种创作具有"原型"的表现力，它属于建筑的自身传统，是承载着集体记忆的符号或空间模式，从而形成了对建筑历史环境的延续，可以说这种方式是以具象的方式延续了古典主义风格。具象古典主义更尊重对古典原型的复制或模仿，但它们在采用古典细部时，一般都比较随意，甚至可以在一幢建筑中引用多种历史风格。在这类建筑中，建筑师可以充分表现自己浓厚的古典文化情趣和深厚的古典建筑功力，采用标准的古典建筑细部，剪辑更细致、更庄重、更富有历史感的古典主义风格的新建筑。严整的几何形体、单纯的古典元素以及传统材料的使用，这些使新建的古典建筑具有较清晰的识别性。

但是值得思考的是，具象的古典主义由于将创作限制在对三段式处理、线性柱廊、封闭的空间等一系列古典范式的运用，因此它无法超越古典"原型"而有新的发展。大量的实例也表明了这种具象古典主义的创作的局限性，对古典主义美学范式的延续停留在形式复制与组合的设计层次上，并没有深层的表现。对历史文脉的追求仅仅以一些符合古典主义美学范式的几何形象来体现，这些古典主义元素的普遍化又会带来新的统一中的乏味。这种对传统具象的延续方式引发的建筑创作其实仅仅停留在浅表的层次上，虽然这种建筑创作肩负起了凝聚社会大众的民族自信心的社会职责，但是从建筑创作的本体层面来看，这些创作实践在一定程度上导致"历史赝品"的泛滥，成为超越建筑本体需要的文化包袱，很难有超越认识层面的高水平的作品出现。

创作实例1：莫斯科凯旋宫住宅——斯大林帝国式古典主义的复制

莫斯科凯旋宫住宅是莫斯科机场购物中心附近新建的豪华住宅之一。这座豪华的住宅建筑不仅以270米的高度将飞上云霄的壮志豪情演绎得淋漓尽致，同时在建筑形态上完成了对帝国式古典主义风格的复制，因此，在转型时期的建筑创作中显得十分引人注意。

从建筑形态的角度来看，凯旋宫住宅采用了标准的斯大林时期的帝国式古典主义风格，甚至没有因为其居住功能而对建筑范式进行任何修改。这种简单而纯粹复制使凯旋宫住宅可以同斯大林时期的"七姐妹"（图4-2）相媲美，几乎让人无法判断它的建筑年代。可以说，凯旋宫住宅（图4-3）在建筑形态上成功地再现了斯大林帝国式古典主义风格，并在住宅建筑中出色地塑造了宏伟雄壮的建筑气概。单纯的复制不仅使建筑很好地契合了周围的城市环境，并且创造了具有典型俄罗斯特色的住宅建筑。但是从创作发展的角度来看，凯旋宫住宅却采用了最为简单的手段来延续传统的帝国式古典主义的建筑风格，这种单纯的复制无疑是同时代发展相背离的。虽然在创作中对建筑的现代感和使用的舒适性给予了关注，但是不可否认的是，对古典主义的强烈追求使建筑功能追随形式，这在当代俄罗斯建筑创作中无疑是历史的倒退。这种缺乏创造性的古典主义理念，除了制造符号般的"古董"以外，并没有对当代俄罗斯古典主义建筑的发展产生促进作用。

凯旋宫住宅是由莫斯科市长鲁日科夫发起的一个建筑项目，不仅如此，他还号召在莫斯科再建60座这种风格的建筑，因为人们非常需要一些闻名于世的建筑物[18]。由此，在社会转型的特殊时期，我们不难理解建筑创作中对古典主义风格的复制表现，因为这种复制的背后是俄罗斯精神振兴的期待。

a）   b）   c）

图4-2　斯大林时期建造的帝国式古典主义建筑

a）科帕尔尼河滨大街上的住宅楼[15]　b）斯摩棱斯基广场上办公楼[16]　c）莫斯科大学[17]

a）

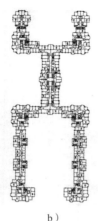
b）

c）

图 4-3 莫斯科凯旋宫住宅楼 [18]
a）建筑外观 b）建筑平面图 c）建筑全景

创作实例 2：普希金国家美术私藏博物馆——希腊式古典主义的仿制

普希金国家美术私藏博物馆是由莫斯科国立第四设计院 1995 年创作并于 2005 年建设完成的建筑项目（图 4-4）。整个建筑创作从室外到室内都透露着严谨的古典主义美学标准，如果不是大面积的玻璃天窗和圆锥形的玻璃顶提示这个项目的建筑年代，我们几乎很难断定它究竟是历史真迹还是现代的仿制。尤其在博物馆正立面的处理上，横向五段式的古典对称、简洁的檐口和窗口装饰、主入口处希腊式三角形檐口的运用以及排列状的爱奥尼柱式，无不宣称着建筑的希腊式古典主义的血统。博物馆建筑的核心部分也是展示建筑现代性的是天窗覆盖下的中庭，它不仅为作为开放的空间创造了建筑内部的视线交流，还是连接位于主体建筑内的 22 个展厅的中介空间。在建筑创作上对希腊式古典主义的仿制使博物馆建筑的整体构图规整，表现出追求雄伟的古典主义激情。

建筑师在新的建筑功能下，采用古典主义的模仿来协调城市的传统环境，在转型时期俄罗斯对古典主义复兴的潮流中获得公众的认同。但是，在今天审视俄罗斯新建建筑对古典主义的仿制，除了延续城市的传统面貌之外，却呈现出值得关注的新问题。对古典主义美学范式的仿制在社会主义时期的"盒子"建筑之后，带来了新一轮的"审美价值匮乏"，对这些没有经过再创造处理的古典主义元素的使用，导致新建建筑同周围充满历史感的旧建筑的很难区别，这对于建筑创作而言，无疑导致了发展的停滞。城市的形成不应是突变的，但是绝对不意味着城市建筑面貌应该是固守一种模式的不变，在时代不断变迁的引导下，城市应该是渐变发展的，由此这种古典主义立面的复制无疑阻碍了城市发展应有的改变。

如何对待古典主义建筑的延续是世界各国建筑发展所面临的共同问题，历史建筑在拥有辉煌古典主义建筑成就的俄罗斯，要延续自己辉煌的历史就要探索建筑创作的传统性、民族性，探求一条新古典主义的道路。

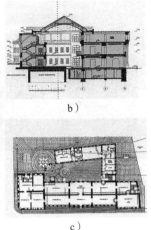

图 4-4　普希金国家美术私藏博物馆[13]

a）建筑外观　b）建筑剖面图　c）建筑平面图

4.2.2　古典主义的超越

古典主义的建筑文化是一个多向度、多侧面、多层次的动态复合结构，简单的复制古典主义范式只能僵化地继承建筑历史，从而使古典主义的建筑创作失去了发展的基础。因此，进入 21 世纪以来，随着西方建筑思潮的冲击和俄罗斯建筑创作的多元化发展，俄罗斯古典主义建筑创作逐渐超越"重建"和"复制"的桎梏，走向融合当代各种建筑思想、结合当代各种建筑创作手法的整合发展。在代表俄罗斯古典主义成就的各大城市中心，新建建筑正在悄悄地融入原有的古典主义建筑当中，这些新建筑的创作有的形式鲜明一些，有的含义深刻一些，但都是采取相对柔和的方式来解决新旧交替的问题，探索传统与现代的交汇点和俄罗斯新建筑的发展之路。坚持传统的建筑师开始借用现代的、后现代的、解构的建筑创作思想，对传统形式变换花样，使它更具时代感。这些建筑很难说是更现代还是更传统，它们旨在寻找现代与传统的交汇点。正是通过这些尝试，使建筑师建立了对古典主义的现代认知，创作超越传统的古典主义历史范式，从而真正建立起与传统建筑文化沟通和对话的精神联系，形成现代语境下古典主义的新发展。正如路易斯·康所说："认识历史和注重本质将造就有影响的建筑物，它们将超越浅薄的时髦而具有时代的表现力"。[19]

4.2.2.1　历史文脉的现代继承

历史文脉是一个城市形成、变化和演进的轨迹和印痕，是一个城市历史悠久、文化底蕴和生生不息的象征。世界上很少有哪个国家像俄罗斯这样拥有如此辉煌的古典主义建筑成就，即使在今天，城市的主要建筑面貌仍然显现着强烈的古典韵味。在这样的城市环境中，历史文脉成为新建建筑所面临的重要问题。

不同时期的古典主义风格的建筑、传统的城市街区模式所形成的城市文脉本身对建筑创作而言意味着发展，多样化的整合才是文脉追求的境界。由此，对传统文脉的延续不是封闭的重复，而是要使建筑增加新的意义。随着时代的发展，对古典主义风格建筑的延续不再处于维持和复制的状态，而是要采用积极变换角度的思维，在历史环境中注入新的生命，运用现代的建筑语言赋予建筑新的内涵，借助装饰和色彩传递的信息，体现建筑对传统城市环境的联想和引喻。俄罗斯转型时期古典主义建筑创作在关注传统古典建筑文化的同时，不断吸纳新的现代文化和外来的文化，经过整合发展而形成以对历史文脉的尊重表现对古典主义风格的追求，在这种追求下的建筑创作以现代的形式和手段更好地诠释对古典主义的理解，使古典主义建筑创作的发展超越浅层的剪辑与复制，在更高的创作意境中使新建建筑同城市环境的历史文脉协调共生。

从对古典主义的追求中演化而来的在建筑创作中对历史文脉的尊重，成为转型时期俄罗斯建筑创作中的一个新的趋向，它超越单纯的古典主义风格的塑造，从本质上看，这种趋向体现了在传统文化的引领下，探索新建建筑同环境的整合方式。

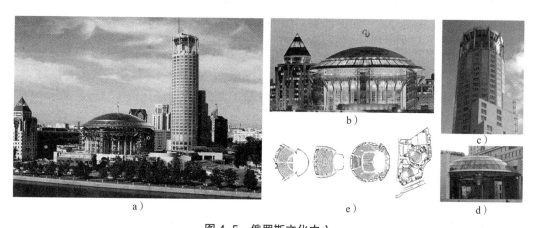

图 4-5　俄罗斯文化中心
a）整体外观[20]　b）主音乐厅[21]　c）高层顶部细节　d）高层底部入口　e）音乐厅平面[21]

创作实例：俄罗斯文化中心——历史环境的现代契合

俄罗斯文化中心（图 4-5）位于 Moskva 河岸边，克里姆林岛的尽端，因此基地两面被 Moskva 河环绕，另一面则是面对有着历史传统的街区环境。这样的基地环境无疑使建筑具有突出的表现空间和更大范围的观赏可能，同时也给建筑创作带来了无法回避的现代建筑同历史文脉的冲突问题。在这个问题的解决上，俄罗斯文化中心成为一个典范，建筑运用现代的材料与造型手段，却良好地嵌合在传统的基地环境之中，与坐落在 Moskva 河对岸的著名的 Novo-Spassky 修道院等传统建筑构成了和谐的河岸建筑景观，提供了具有历史感的全景画面。虽然在项目建设前，几乎没有人相信这个由仓库、小生产作坊以及随意堆积在一起的只有一层的小建筑组成的令人沮丧废弃的地方可以被改造为新的具有吸引力的文化中心，但是在项目建成之后，这里却成为充满活力的令人印象深刻的综合建筑。

俄罗斯文化中心的创作概念来源于也受限于两个主要的因素：建筑功能与基地环境。从建筑功能上看，俄罗斯文化中心拥有复杂而现代的功能要求，在狭窄的基地内需要包含三类主要的功能：首先是与音乐相关的剧场、音乐厅以及各种供演出使用的研究与排练室；其次要包含与文化相关的展览中心、休闲娱乐中心及健身中心；最后要包含一个独立的高等级的酒店建筑，同时还要容纳餐厅、商店等辅助的服务功能。复杂而现代的功能无疑要求与之相适应的现代建筑形式，古老而传统的建筑空间根本无法满足建筑项目的功能需要，由此，建筑功能决定了建筑创作必须采用现代的建筑空间与创作手段。从环境来看，俄罗斯文化中心地处历史感浓厚的城市街区，而突出的基地位置无疑要求一个高标准的建筑形象以提升周围的环境品质。在城市逐渐失去历史文脉的当代俄罗斯，这样的基地环境带给建筑项目的必然是对城市传统文脉的延续与融合。在两方面的要求下，俄罗斯文化中心的创作以现代的建筑形态延续了城市的历史文脉，唤起了公众真正的兴趣和认同。

俄罗斯文化中心在创作中对莫斯科城市规划进行了分析，以 Novo-Spassky 修道院为原型为裙房建筑的高度提供了依据，并运用传统尺度的裙房建筑契合传统街区环境。同时，利用高层的酒店及办公建筑提升了 Moskva 河岸建筑整体的轮廓线，使建筑成为 Moskva 河岸明显的标志建筑。在新的时期，俄罗斯需要的是新的建筑形象和功能以适应现代生活，同时又不破坏传统的环境，建筑师在创作中采用现代的玻璃、金属、石材装饰等的材料，同时重新审视古典主义建筑和传统的城市形态，从中提取深层"基因"，经过简化运用到建筑的形体关系与比例之中，从而形成柔和地契合在传统环境之中的新建筑形象。俄罗斯文化中心以现代创作手段对古典主义建筑传统"基因"的抽象主要表现在两个方面，首先，建筑师在主音乐厅外采用柱子构成环廊以唤起古典主义建筑的外环廊的空间意象，但是在柱子的设计中却摒弃了古典主义的复杂柱式，取而代之的是经过现代化的处理却保留了基本结构的柱子形式，并在柱头上方运用金属构件对柱子进行了现代化的发展（图 4-5-b）。而在高层部分的处理中，突出表现了竖向的支撑结构，这些柱子不仅是现代建筑结构体系的需要，同时也强调了对古典柱式的隐喻（图 4-5-c）。其次，将古典主义的建筑穹顶元素抽象简化成为圆弧形的屋顶元素，应用于主音乐厅屋顶形态及高层酒店部分的入口（图 4-5-d），两个大小不同、形态一致的金属弧形圆顶在闪烁着现代科技光芒的同时塑造了带有历史味道的视觉感受。这些创作手段使古典主义经过与现实的结合后，在新建筑上形成新的发展。传统的古典主义"基因"使俄罗斯文化中心拥有莫斯科建筑的独特特点，超越表面的甚至粗糙的复制或剪辑的古典主义"原型"而获得认同。俄罗斯文化中心在历史环境中用独特的现代建筑语言体现了建筑对传统历史文脉的理解，既强调了现代的功能和技术，又传递了历史的文化信息，这种以创新的方式契合城市历史文脉的创作才更是对建筑文脉和城市整体环境的最佳促进。

4.2.2.2 古典主义的现代整合

对俄罗斯人来说，灿烂的古典建筑是这个民族的骄傲，因此在俄罗斯民族精神中一直存在着强烈的寻求根源和复兴意识。背负历史的辉煌和重压，再加上相对于欧美国家，俄罗斯的工业化进程较为滞后，因此，俄罗斯当代建筑发展之途就更多地显现了传统的古典建筑色彩。尤其是在国家解体之后的社会转型时期，古典建筑的复兴在对传统文化根基的寻求中结合了现代手段，从而产生了不同的对古典主义风格的复兴方式。在转型时期价值体系混乱的局面中，超越对古典主义风格的单纯追求，在建筑创作本身实现现代与古典的整合成为传统文化引领下当代俄罗斯建筑创作的另一个新的趋向。这种新的趋向使当代俄罗斯古典主义建筑创作进入一种新的建筑思想氛围，一种讨论古典建筑现代化的氛围，其本质是对传统文化的再认识和提高。

这种新的建筑创作趋向是在俄罗斯转型时期对"建筑传统"的新的认知，它挖掘传统建筑文化资源，新的历史条件下实现对俄罗斯传统建筑创造性的现代继承，从而根据时代需要为古典主义建筑赋予新的内容。由于对建筑传统变化性的认知而引发的传统建筑的现代继承，并不是简单地重返过去，简单重建、复制或模仿，而是以发展的眼光，在对传统建筑进行现代解释的基础上，从传统建筑文化中寻找推进当代俄罗斯建筑特色创造的思想资源和人文智慧。新古典主义建筑创作是在当代建筑语境中对传统建筑思想的引申与发挥，是一种创造性的诠释活动，试图用现代思想去复活传统建筑思想，并将传统文化下的古典主义建筑发扬光大。它实现了对古典主义建筑思想的现代创作转换。古典主义建筑思想的生命力正是以不断被现代人所解释的方式存活于现代建筑创作之中，因此，重温传统建筑文化赖以诞生的历史语境，熟悉承载古典主义建筑思想的理论系统，是对传统建筑文化进行现代解读的重要条件，也是对建筑传统现代继承的根本。新古典主义作为当代继承俄罗斯古典主义建筑的一种创作手段，其真正意义在于开拓当代俄罗斯建筑创作的现代性发展之路。

创作实例：新荷兰（New Holland Island）项目方案——继承与冲突的现代整合

圣彼得堡是世界上古典主义最为深刻的城市之一，直到今天，在圣彼得堡各种现代流派的建筑仍不多见。因此，圣彼得堡的新建建筑无疑要受到古典主义的强烈影响与制约。那么在无形的古典"限制"中，诺曼·福斯特却以现代的手段塑造了对传统文化的尊重和对古典主义建筑的继承。

新荷兰（New Holland Island）项目是对俄罗斯历史名城圣彼得堡市新中心地块的改造，整个地块是个呈三角形的岛屿。该岛建于1719年，是圣彼得堡的第一个海军港，在苏维埃时期是一个封闭的军事区域。岛上建有一些船坞、一个铁匠作坊、一个兵工厂和一座俄罗斯海军监狱，但现在已衰败为一片废弃的建筑。如今该岛将被改造成为占地7.6公顷的"新兴市中心"——新荷兰。改造后的小岛由新建大桥连接原有的旧城市中心，让新中心与圣彼得堡著名的纳维斯基商业街、玛林斯基剧场和冬宫博物馆融为一体。特殊的地理位置引发了新建建筑与城市历史文脉和周围古典主义建筑形象之间的矛盾，正如新荷兰项目官方负责人奥勒格·哈尔钦科（Oleg Kharchenko）所说的："我们希望中的建筑有漂亮和谐的外表，充满人文色彩。因此不能定型为玻璃结构，没有人认为冰冷的玻璃能够与圣彼得堡的热情和历史相衬。"由此，如何运用现代的创作手段与建筑形式在如此特殊的地理位置上创作能激起地区经济活力与文化活力的建筑成为新荷兰项目面临的重要问题。

新荷兰项目（图4-6）计划投资3.2亿美元建设综合性文化场馆项目，其中包括剧院、音乐厅、现代艺术画廊、博物馆、酒店、商业建筑和办公建筑等。面对如此复杂的功能要求和如此特殊的地理位置，福斯特及其合作者在俄罗斯古典主义建筑的新继承上作了探索，运用现代手段将古典主义的美学价值展现于建筑的形式感，将建筑回归一种人性化的审美空间。在新荷兰项目的创作中，控制所有建筑物的高度不会超过23米，外围建筑整体采用精妙而柔和的外表、带有历史感的厚重材料、符合古典美学要求的窗口比例等，以适应周围传统的街区环境，在建筑色彩、建筑形态上同圣彼得堡旧中心遥相呼应。外围建筑的创作表现了建筑的历史感，一种文

a）

b）

c）

图4-6　新荷兰项目方案

a）鸟瞰图[22]　b）中心建筑侧面表现[23]　c）中心建筑正面表现[24]

化纵深感，并由此催生了厚重的文化意蕴。项目中心地区的剧院设计则现代而充满生机，建筑造型犹如一颗熠熠生辉的宝石，由金属板和玻璃组合而成的建筑形态无论在白天还是夜晚都闪烁着光芒。中心地区的剧院在呈现自身现代感的同时映射出周围充满历史隐喻的建筑形态，从而创造了一种意义的合成，一种立体的美学合成。你可以赞美它的深厚，你也可以抨击它的怪诞，但是，你无法否认它在现代的外表下所具有的传统文化意义。正如圣彼得堡市府官员瓦伦蒂娜·迈特维耶科（Valentina Matviyenko）所评价的："福斯特的设计在众多方案中脱颖而出，是因为他的方案能最好地保护当地历史建筑，并使其适用于现代生活"。

新荷兰项目无疑是在当代俄罗斯古典主义建筑发展中的一个创新，这种创新直观地展示与传统的联系，而不是掩饰或割裂这种联系，从而创造具有时代特色的新古典主义建筑，为圣彼得堡新中心带来承载着古典主义审美的活力。在保护周围传统环境的同时，使新中心地块的复兴成为可能。福斯特及其合作者自信地宣称："该项目将使废弃的新中心地块获得重生，也为圣彼得堡向世界上最重要的演出和视觉艺术展示场地转变提供了一个独一无二的机会。"

4.2.3　古典主义的异化

古典主义的发展倾向不单单是对古典范式的执着延续，在现代多元化的创作语境下，还受到各种建筑思潮的影响，各种建筑思潮的相互融合与碰撞衍生了建筑师趋于丰富的创造力，正是通过丰富的想象力和现代建筑功能的对话，俄罗斯转型时期古典主义建筑创作碰撞出超越性的"变异"，这种"变异"允许建筑在古典范式中拥有个案的神话，也就是说，在关注建筑个性、建筑功能以及独特环境的前提下，通过隐喻、抽象、变异或夸张等变形手段重新诠释对古典主义建筑意境的追求。这种创作方式突破了现代主义几何学定式，以浓厚的怀旧感情和大胆的革新精神对古典语汇作了新的阐释。我们很难说明这些建筑是现代的还是古典的，甚至无法区分它们究竟是什么"风格"或"主义"的建筑，但是可以肯定的是，这些建筑在精神层面表现出了对古典主义意境的追求。

古典主义的异化从本质上说是抽象性与再现性的结合，这两种特性的结合本身就是一种异质混合，传统语汇所携带的文化内涵和现代建筑处理手法之间既冲突又构成趣味的平衡。传统古典主义建筑的形制、现代建筑的形式和技术语汇混杂在一起，将积淀在历史建筑中人们的认知模式、情感和表现形式以及对古典建筑遗产的关注再现于建筑创作之中。这种异化的表现方式将建筑元素当作承载一定隐喻性意义的"能指"承担起意义传递的责任，从而形成以意象作为传统建筑文化的现代继承手法的基本特征。

创作实例 1：古典主义的抽象继承——Lentulov House 建筑方案

Lentulov House 是莫斯科的一个文化商业中心项目（图 4-7），这个创作方案从形式上看很容易被归入当代俄罗斯解构主义的建筑创作行列。人们可能无法相信这样一组混乱的建筑方案的创作灵感是来源于对俄罗斯古典主义的分析与提炼，但是它的确是容纳了不同时期的古典主义建筑"基因"的创作，由此，我们不得不惊叹于在古典主义复兴的潮流中俄罗斯建筑师巨大的创造潜力。

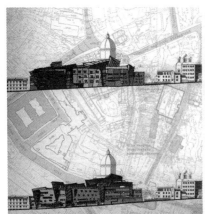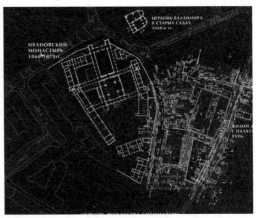

图 4-7　Lentulov House 设计方案 [1]

图 4-8　Lentulov House 方案灵感来源 [2]

Lentulov House 的创作来源于图 4-8 所示的一组图片，这组图片记录了莫斯科不同时期的建筑发展，展现了莫斯科城市建筑的历史文脉。同时，这组图片说明了建筑创作的灵感起源，图片中的传统建筑被作为建筑"原型"，正是基于对这些"原型"的分析、抽象、简化与变形，并将这些带有历史基因的建筑元素分别"种植"在代表不同风格和倾向的建筑外墙，才形成了混乱而又能在一定程度上与城市历史环境和谐共处的 Lentulov House 创作方案。创作方案可以说是利用建筑片段的组合表现了莫斯科建筑发展的时间轴线，展示了莫斯科城市建筑的渐变路径，并在整体建筑形态上体现出当代莫斯科建筑所具有的现代感。为了符合更多不同的审美品位，建筑师运用抽象的手段将不同的古典主义原型加以处理，形成适用于现代建筑的简化元素，并将其组合应用于对建筑形体的塑造，取得公众的视觉认同。这种创作方式在当代俄罗斯古典主义建筑的发展中无疑是一种"另类"，将对古典主义的热情推向异化的发展方向。

这种"抽象继承"的创作方式容纳了各种不同的古典主义建筑形式的"基因"，并将古典主义的"基因"变异成为现代的，甚至超越现代的建筑形式，使现代建筑仿佛从历史深处进化而成，在精神层面具有一种古典主义的意境。或许，这种结合古典主义的"地方精神"和"地方记忆"的创作方式，恰恰在现代的社会环境中顺应了对古典主义风格的怀念，敏锐地为古典主义的现代延续引导了一个具有独特的记忆的建筑方向。

创作实例 2：古典主义的意境移植——OMA +ARUP AGU 创作的波罗的海明珠地标建筑方案

在波罗的海明珠项目规划及地标建筑的国际招标中，OMA+ARUP AGU 的投标方案打破了俄罗斯传统古典建筑僵硬死板的范式，通过现代建筑的创作手段，以磁场力互相结合在一起，形成一座由自然的力量组织起来城市新中心。

该方案中对主中心地标建筑的设计构思十分新颖，运用抽象而洗练的手法，在对现代生活的讴歌中展示了古典建筑意境的无穷魅力。该方案设计了一个以拱形建筑形态为中心的高低错落的建筑群体，利用现代的建筑形式形成具有传统意味的空间，从而带给人们古老欧洲文明的空间感受（图 4-9）。在传统与现代的对立统一中，创造出一种富有张力的和谐。该地标建筑方案十分尊重圣彼得堡悠久的历史文脉，运用写意的创作手段将古典建筑形态的空间感受简化为建筑元素，巧妙地在现代建筑中实现古典建筑感受，使古典的雅致和现代的简洁得到完美的体现。

这种"意境移植"是古典主义异化创作的主要方式，也是表达传统建筑意象的重要途径，它将传统建筑的意境或片段按照今天人们的审美观，加以抽象、简化或变形，投射到现代建筑之中，使现代建筑映射着传统的"语义"，试图借助传统"语义"使现代建筑形态具有古典意境再现的能力。并通过不同层面的深层文脉和不同程度的表层

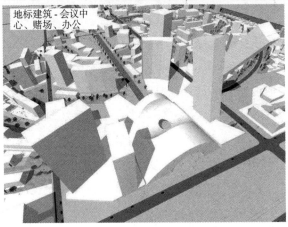

地标建筑-会议中心、赌场、办公

图4-9 OMA +ARUP AGU 创作的波罗的海明珠项目
地标建筑方案

符号的融合、调节，体现不同浓度的传统神韵。

4.3 文化地域观下的建筑创作

人类的文化发展与意识形态源自于生存经验的积累，而生存经验又来自与地域相关联的生活经历、所接受的教育、生活习惯等的传承叠加。这导致了在一定地域生活的民族对自身传统与习性的亲切感。由此，民族文化的发展必然同产生文化的地域环境之间存在不容忽视的重要联系，文化的产生、分布和传播总是以地理环境为基础，深刻

地打上地域条件的烙印。地域文化正是产生在特定环境、特定范围，有鲜明、稳定的文化特质和风格，其最大特征是以特定地域为依托而产生。俄罗斯是一个领土辽阔、民族众多的国家，从文化地域观角度来看，在其辽阔的领土上各民族由于生活地区的自然气候和地理特征有着明显的差异，造就了在生活习俗、文化形式等方面的显著不同，从而产生代表本地区特点的不同的地方性文化形式。而俄罗斯文化的发展正是这些带有地域性特征的不同的民族文化不断整合衍生的过程。

独特的民族文化在建筑领域则表现为建筑创作的地域性特征，对地域特色的挖掘和把握成为建筑创作真正的动力和源泉，即使在信息交流日趋频繁的今天，文化多元化趋势也使其地方文化特色得到强调。正如吴良镛先生所说的："文化积淀、存留于城市和建筑中，融会在人们的生活中，对城市的建造、市民的观念和行为起着无形的影响，是城市和建筑之魂。"[25]

从文化地域观的角度来看，建筑创作的发展具有"趋向地域的民族意识"，鲜明的地域文化特色并不代表保守，它能促进地方凝聚力的上升，带有地域文化印记的建筑创作更容易感召受众的生存经验，从而达到接受角度的共鸣，因此，由地域特点形成的个性是建筑创作所不能忽视的创作因素。从地域观角度研究当代俄罗斯建筑创作，呈现出概念整合的趋向。概念整合是语言学中的理论观点，是指把来自不同认知域的框架结合起来的一系列认知活动[26]，这一概念恰好契合了俄罗斯转型时期地域建筑创

作的发展。俄罗斯地域建筑创作的概念整合首先体现在其发展历史中，其地域建筑的形成就是不断地将来于东方和西方不同地域体系中的民族文化相结合的过程。其次，在俄罗斯社会转型时期，在各种建筑文化潮流的影响下，地域建筑创作的概念整合表现为将多元文化融入经过长期积淀形成的民族性的文化结构中，并根据自身的层创逻辑，整合成为符合民族认知的建筑创作。这种整合在重视民族文化的语境作用的同时，揭示了俄罗斯转型时期地域建筑创作发展的动态性，阐释了地域建筑创作演变形成的机理趋向。

苏联解体后，转型时期的俄罗斯建筑创作在本土古典主义的复兴和外部西方建筑思想的冲击下，地域性建筑创作并没有成为俄罗斯建筑创作发展的主流，但是却在个别项目或个别地区中呈现了不容忽视的建筑成就。这些地域建筑作品表现出了建筑师对俄罗斯民族文化的兴趣，呈现出丰富的形态表现，展示出了地域文化强大的创造性。因此，地域建筑创作成为俄罗斯转型时期建筑创作发展的一枝奇葩，在当代俄罗斯建筑创作整体水平不高的现实中闪烁着独特的民族光芒。近年来，伴随着俄罗斯民族精神的重建的社会思潮，在俄罗斯民族性的讨论中大量还原俄罗斯民族精神经典遗产的原生态，给现实中的重建民族认同提供历史和理论资源 [11]。对民族精神的重建在建筑领域加强了对地域建筑创作的关注，虽然俄罗斯转型时期建筑创作发展的地域性倾向还有待于进一步发展，但是其发展的积极意义是显而易见的。

4.3.1　地域建筑创作的乡土情怀

俄罗斯民族文化的雏形，是由典型的农业社会的胚胎造就的，由于自然界的天然力量主宰着斯拉夫人的命运，因此他们对大自然中的一切都奉若神灵。对自然的崇拜与热爱在其民族文化和民族精神的形成中，成为一个极为重要的因素，因此，俄罗斯民族文化是一种充分体现农业社会基础和自然界状态的文化。民族文化的自然性基础必然导致了在俄罗斯建筑文化的形成过程中始终伴随着对自然的向往和保护，从而在地域建筑创作中呈现明显的自然性特征，形成独具特色的当代俄罗斯地域建筑表现。

地域建筑的自然性特征一方面表现为自然环境为建筑创作提供了丰富的物质资源，主要是一定地域的气候、地形、地貌、阳光、物产、当地建材，以及长期形成的特有的技术传统；另一方面则表现为自然环境为建筑创作提供了隐喻的情感基础，也就是人置身于自然环境中在生理和心理上产生的某种共鸣，人的感情与心态来源于一定地域的自然和人际关系，作为文化现象的建筑创作必然受到情感因素的影响。正是由于俄罗斯地域建筑这种显著的自然性特征，使俄罗斯建筑创作在社会转型时期的混沌局面中，试图从农业文明中寻求对建筑文化的救赎。这种追求试图在传统积留的生存经验记忆中选取与之对应的自然片段作为建筑创作元素，使人们在现代社会生活中追溯回忆，幻想与回归久违的自然。

俄罗斯转型时期的地域建筑创作对自然性的追求突出地体现在两个方面：首先，根植于自然的地域建筑创作表现为就地取材，发扬建筑文化的木构传统。建筑创作运用俄罗斯丰富的木材资源，挖掘传统木构建筑的结构与形态，并在俄罗斯转型时期的建筑创作中形成独特的木构表现。其次，根植于自然的地域建筑创作表现为理解自然，关注建筑文化的生态内涵。建筑创作以传统的、低技术的方式建造，从自然性出发的自觉灵感，促使建筑所具有的美和力量是从其所处的场所中生长出来的，同时又完完全全融合在它所处的环境中，有着强烈的场所感。

4.3.1.1 地域建筑的木构表现

斯拉夫民族发源于广袤的平原和森林地区，森林给他们提供了所有的保障，木材自然成为俄罗斯人最早也是最常使用的建筑材料，因此从民族形成伊始就伴随着木构建筑的搭建。"木建筑"是俄罗斯民族建筑艺术及建筑文化经典表象之一，虽然其内部空间比较简单，但是其外表却一般通过精美的刻花装饰得颇为讲究。因此，俄罗斯木构建筑以其不可估量的艺术价值成为世界建筑历史的纪念碑，展现了俄罗斯建筑不容忽视的地域特色。著名的俄国古建筑修复学家阿巴波夫尼科夫曾经评价说："民族的木建筑意识，尤其是俄罗斯北部地区木建筑的繁荣，它是俄罗斯民族在漫长的历史过程中积累起来的巨大的成果，俄罗斯木建筑存在的另一个原因是其民族的特性——俄罗斯民族的艺术天才，我们民族艺术品协调及完美的发展，特别体现在创造大型的深刻的艺术方面。"[27] 传统木构建筑在俄罗斯建筑发展历程中一直发挥着重要的作用，无论是位于西部欧洲的莫斯科周围的古城镇，还是位于东部亚洲北方地区的广大的村镇，人们都能够看到各具地方特色的俄罗斯传统木构建筑的丰富形态。随着社会发展，木材因其不可避免的局限性而逐渐被现代材料所取代，俄罗斯木构建筑也因实用价值的降低而走向衰落。社会主义时期的苏联，现代工业的蓬勃发展更是带来了与社会要求相适应的装配式建筑，由此，建筑发展进入了探讨如何快速建造大规模的建筑以满足使用需要。木构建筑则成为落后的建筑形式仅存在郊区别墅或农民自建的房屋。但是，传统木构建筑的形式构思却始终反映了俄罗斯最具民族特色的建筑表现。以木构架支撑浑圆饱满的战盔式穹顶（图 4-10）、具有民族独特风格的帐篷顶（图 4-11）、色彩鲜艳的精美的建筑浮雕（图 4-12）等，都是从木构建筑发展演变的建筑表达。俄罗斯在木构建筑上所取得的艺术成就不仅成为世界建筑中独具特色的民族建筑瑰宝，同时也成为今天俄罗斯建筑创作的根基和灵感的源泉。

苏联解体后，进入社会转型时期的俄罗斯为增强民族凝聚力而强调对民族艺术的复兴，由此在建筑领域开始挖掘自身民间建筑艺术的特点，并应用于建筑创作。于是，在转型时期的俄罗斯木构建筑有了新的发展，并具有了与时代相适应的特点。首先，木构建筑的精华开始存在于新建的饭店、咖啡馆、酒吧等小型公共建筑之中，这些建筑一般位于城市郊区，在创作中表现出了俄罗斯当地传统木构建筑的地域特色。其次，转型时期的俄罗斯木构建筑部分地继承了传统木构建筑的特点，或者具有木构建筑浓艳的色彩表现，或者采用抽象或具象的传统木构建筑元素。但是这种继承并不是对传统木构建筑的复制，而是运用现代建筑创作手法对传统木构建筑进行创新性发展。采用这种创作方法的作品通常给人一种强烈的现代乡土气息和传统与现代完美结合的感觉。这样的作品由于天然建筑材料的使用而创造了地域化的民族情感价值，根植于当地自然地理环境，与当地的自然环境和人文气质融为一体。使建筑得到公众的审美认同，并更好地同自然相融合，成为俄罗斯转型时期地域建筑的代表，而更加有意义的是，转型时期的木构建筑创作将吸引新一代建筑师积极投入到地域建筑的文化传统中。

图 4-10　俄罗斯战盔式穹顶　　图 4-11　俄罗斯风格帐篷顶[28]　　图 4-12　俄罗斯建筑浮雕[28]

创作实例 1：红色客房——现代风格的木构表现

由建筑师托坦·库泽姆巴耶夫（Totan Kuzembaev）创作的红色客房项目（图 4-13）是当代俄罗斯木构建筑中现代风格的典范，该项目不仅获得 2008 德达洛米诺塞国际奖的特别建筑奖，还获得 2009 年度俄罗斯建筑奖提名。建成后的红色客房成为莫斯科州当地著名的建筑景点，受到公众的喜爱。

红色客房项目位于莫斯科附近的一个沿湖的自然坡地之上，清澈的湖水连同开阔的草坡创造了独一无二的美妙景致。为了同优美的自然景观相协调，建筑师巧妙地采用了在细长的支架上建造木质的上层结构，支架不仅符合岸边建筑的特色，同时在不破坏自然环境的前提下通过调节支架的长度解决了起伏的地势所带来的建造问题。

从建筑形态来看，我们不难分辨这是一个具有表现主义色彩的现代建筑创作，但是红色客房却在建筑创作中体现了对传统木构建筑地域特点的继承和对现代建筑的手法的运用，从而在满足融合自然的地域建筑创作观的前提下，通过合理整合对具有地域特点和民族特色的木构建筑进行了现代性的创新。首先，在色彩的使用上借鉴了传统木构建筑色彩浓艳的表现特征，但是却放弃了"多种色彩的交相辉映"的传统方式，整个建筑单一的采用了最受俄罗斯民族喜爱的亮红色，形成了对视觉的强烈吸引。其次，采用了俄罗斯当地的木质材料，但是却放弃了传统木构建筑粗犷的建筑表现，而采用现代的创作手法形成简洁而精致的建筑造型。

图 4-13　红色客房[29]

总体来看，红色客房项目是一个充满现代感的地域建筑创作，该建筑仿佛是一个情感的雕塑、一个充满童话美的雕塑、一个充满想象的雕塑，融合在特定的自然环境之中，给人们以精神上和条理上的统一性，从而为自然环境带来了独特的能够产生心理共鸣的建筑体验，使人感受到一种纯真而简洁的地域感情。

创作实例 2：Oshevensk 暑期学校——乡土特色的木构表现

位于 Archangel 区的 Oshevensk 暑期学校与上述红色客房不同，该项目在建筑创作上完全体现了俄罗斯乡土特色的木构表现（图 4-14），整个建筑无论是建筑结构、建筑外表和内部装饰、家具，甚至建筑内的装饰品都是由当地的木材完成的。建筑创作充分研究当地乡土建筑的构成方式、特征和典型元素，将现代设计方法、形式特征及构成方式结合当地地理气候和特定的环境条件加以设计，满足最基本的使用功能，最大限度地减少了资源的浪费。同时继承乡土木构建筑多年积淀形成的建筑手段与技术，建造根植于自然环境的建筑。

对于夏季来这里学习地方特色（genius loci）的学生来说，Oshevensk 暑期学校建筑本身成为真正的传统流行文化，它把俄罗斯传统乡土木构建筑的典型特点集中于自身，从而形成让人备感亲切的民族情感价值，带来根植于本地区的场所感。该项目建筑创作最值得骄傲的就是，这个新建建筑给人们带来了仿佛很早以前就存在这里，历经季节变换已经融入环境之中的感觉。在重视乡土木构建筑表现的同时，该建筑在创作中还显露了时代背景下的现代创作手法，比如跟随河流弯曲而形成的不对称的建筑平面布局、简洁的建筑造型、简化的窗口形式和随意的开窗方式、粗糙的外墙同精致的室内设计形成的对比等，这些创作手法是对传统木构建筑的一点创新，并提示了建筑的建造年代。

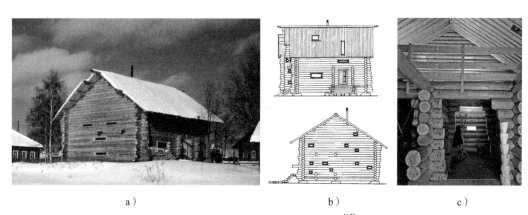

a）　　　　　　　　　　　b）　　　　　　　　　　　c）

图 4-14　Oshevensk 暑期学校 [18]

a）建筑外观　b）建筑立面图　c）室内表现

4.3.1.2　地域创作的自然理念

建筑与自然之间的对话，是人类在协调自身与自然的关系时复杂而矛盾的心理特征的外在表述。在民族文化自然性特征的引导下，俄罗斯建筑创作自古以来就表现出对自然的尊重与融合，接近自然、模拟自然、忠于天然材料、适应自然气候是民族文化的自然性特征在建筑创作中的充分体现。在建筑形态中表现为虚体量、内收感、与自然交融的建筑空间和与自然融合的外部形式，从而形成建筑与自然环境之间此中有彼、彼中有此的建筑意境，并不断整合发展为地域观下独特的融入自然的建筑创作观念，对俄罗斯转型时期建筑创作的发展产生了积极的作用。

俄罗斯转型时期建筑文化的自然性特征衍生出一种先进的生态化创作理念，在建筑创作中表现为一种低技术的、生态化的地域性创作。由此，在俄罗斯转型时期地域化的乡土建筑创作中产生了不少根植于自然环境的建筑表现，在这些创作中，建筑成为具有功能空间的环境景观，甚至很难分辨这些创作是利用环境形成融于自然的建筑，还是利用景观形成了一个使用空间。但是有一点是值得肯定的，这些建筑在创作中体现了对自然环境的最大限度的保护与尊重。

创作实例 1：95° 饭店

该项目位于 Klyazma 河岸边，同河岸边的流动艺术博物馆相离不远，两个项目在优美的岸边环境中采用了相同的融于自然的地域建筑创作理念。在这样的理念指导下，建筑仿佛不是人工建造在环境中而是从自然中生长出来的景观。

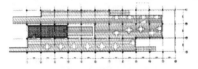

图 4-15 95°饭店[18]

图 4-16 莫斯科流动艺术博物馆[39]

95°饭店是一座极为简单的木质建筑（图 4-15），延伸至水面的建筑在外形上模仿了港口的形状。建筑物的几个垂直的部分都是以 95°的倾斜角度设计的，所以命名为 95°饭店。在材料使用上，建筑最大程度地采用当地天然木材建造，利用木材原本的色彩和质感同周边自然环境保持联系，并同 Klyazma 河对岸的森林形成良好的对话。在建造方式上，采用了当地原始的人工化方式建造，建筑节点完全暴露了建筑的构造方式。在建筑形态设计中，采用虚体量的方式使建筑最大限度地融入自然环境，饭店有超过 2/3 的部分是透明的，通透的建筑形态形成了与自然环境交融的建筑空间体验。同时，在建筑底层设计的向水面开放的露台同样建立了自然同建筑的联系。在细节处理上，例如建筑竖向交通的楼梯、桅杆状的横梁等进一步强调了自然性的主题。

创作实例 2：莫斯科流动艺术博物馆

米哈伊尔·拉巴佐夫（Mikhail Labazov）在 2002 年设计的位于 Klyazma 河岸边的流动艺术博物馆（图 4-16）同 95°饭店采用了同样的创作理念：最大限度地融入自然环境，但是相比较而言，流动艺术博物馆脱离了原始的木构感觉而呈现出富有韵律感的简洁的现代结构特点。也就是说，流动艺术博物馆运用现代的创作手法实现了同 95°饭店同样的地域性的创作诉求。这个项目在俄罗斯被称为具有俄罗斯基础的超现实主义风格，所谓俄罗斯基础正是对其具有地域特点的根植于自然的创作理念的概括，而超现实主义则表现为在融入自然的理念下，该建筑将自身建筑体量虚化到仅仅能够容纳展览功能的构筑空间。尽管如此，这个木质的流动艺术博物馆仍然将展览空间分为上下几排陈列，连同展出的艺术品共同构成的建筑外观显示出现代主义的理性。这些展览品，或悬浮，或站立，在悬挑于水面之上的顶棚的保护下，起到了连接了建筑、自然与水面的中介作用。

4.3.2　地域建筑创作的双重砝码

从文化视阈分析俄罗斯建筑创作的发展，我们不难发现俄罗斯民族建筑的发展受到东、西方建筑文化的双重影响，其民族建筑创作的发展是不断将东、西方建筑文化进行整合过程。从而形成了既不属于东方建筑发展体系，又不遵循西方建筑发展道路；既吸纳了东方建筑文化的特点，又包含了西方建筑文化元素的独特的俄罗斯地方性建筑创作，因此呈现出强烈的双重性特征。

但是这种具备双重性特征的俄罗斯民族建筑的发展却同样在社会主义时期被大规模的"盒子式"建筑所淹没，在现代主义工业社会中停滞了发展的脚步。直至苏联解体，俄罗斯进入社会转型时期，人们在社会文化进入多元化的混沌时期重新呼唤具有民族特色的文化形式，同时开放的社会环境也提供了更为自由的创作平台。由此，转型时期的俄罗斯，建筑创作的发展开始强调民族特色，于是重建有俄罗斯特色的建筑成为当代俄罗斯建筑创作的新追求。一方面表现在对民族风格的探索。通过研究传统的民族建筑提取具有代表性的或抽象或具象的符号元素，运用在新建的现代建筑之上，以表达对民族风格的诉求。这种追求以首都莫斯科为代表，在城市建设上不断寻求对莫斯科风格的表现，虽然并没有人真正知道什么是莫斯科风格，莫斯科风格的树立也尚需时日，但是值得肯定的是俄罗斯建筑创作对民族特色的关注和对民族文化双重性的表现。另一方面表现在具有地方特色的建筑奇迹的出现。在大城市如火如荼的城市建设的同时，经济发展相对落后的一些小城市却出现了一批极富艺术价值的、具有地域特色的建筑作品。这些建筑成为俄罗斯转型时期建筑创作中的奇迹，展现了地域建筑创作对东、西方建筑文化的整合。

4.3.2.1　民族风格的表现

创作实例 1：民族建筑风格的探索——莫斯科风格

苏联解体后，在动荡的社会背景下，1997 年叶利钦总统公开表明寻找、创建、构想能团结民众的新俄罗斯精神作为国家指导思想，而至今对俄罗斯精神的探索仍在继续。与重建俄罗斯精神背景相一致的是莫斯科的城市建筑在市长的倡导下，反映了对俄罗斯民族特色——"莫斯科风格"的树立，而同样的是时至今日仍然没有找到真正的发展方向。所谓"莫斯科风格"，有人认为是模仿了 19 世纪折中主义风格，有人认为是对俄罗斯建筑元素的简化与拼贴，这听起来似乎更符合后现代主义的标准，然而没有人能说清什么是莫斯科风格。于是在这种不确定的标准下，俄罗斯本土以及外来的建筑师们展开想象创作了非常难以理解的建筑造型和奇怪的建筑细部，虽然水准不高，但是这些对"莫斯科风格"的追求过程中产生的创作几乎已经成为当代俄罗斯建筑的标志。

图 4-17　莫斯科风格"尖顶"表现 [30]

在俄罗斯转型时期，"莫斯科风格"建筑仍处于探索时期，尚没有取得令人满意的成果，但是不可否认的是，在对"莫斯科风格"的追求中体现出了东方木构建筑文化同西方石构建筑文化的撞击，那些所谓莫斯科风格的建筑局部正是对俄罗斯建筑发展过程中东、西方双重建筑文化的简化与表现。比如"尖顶"元素的形成来源于具有东方文化特点的传统木构建筑影响。在东方建筑文化影响下的民间传统木构建筑为了便于清除积雪，而需要增加屋顶的坡度，但由于当时结构技术差，无法实现大跨度，所以就把屋顶升高，形成了墩形的主体，为了美观再给它一个高高的攒形的顶子，形成尖顶形式的屋顶结构。将传统木构建筑的尖顶作为民族建筑的代表元素进行抽象和变化，并应用于新建建筑，就成为代表"莫斯科风格"的"尖顶"表现（图 4-17）。而"莫斯科风格"建筑中的"门柱"、"壁柱"等各种简化形式的柱子形态（图 4-18）以及拱券式的弧线形式装饰元素（图 4-19）则明显地源于西方古典主义建筑文化的影响。将西方古典主义建筑元素经过现代的简化应用于新建建筑，表现对城市传统历史环境的尊重和联系是"莫斯科风格"的一个主要特点。总之，"莫斯科风格"的代表元素都是抽取自受到东、西方建筑文化影响的俄罗斯传统建筑形式之中，从而在现代的新建建筑中表现出了双重性特征，但是不可否认的是，在"莫斯科风格"建筑中对这些元素的运用却很少有和谐的优秀典范，常常表现为难以理解的艺术构思和奇怪的造型比例，甚至带有讽刺味道的冲突表现。由此，在转型时期的俄罗斯建筑创作中，尚未成功建构"莫斯科风格"的建筑创作体系，但是探索"莫斯科风格"仍然具有积极的意义。这种追求从一定程度上转变了俄罗斯建筑盲从西方的倾向，开始冷静地面对自身民族建筑的发展问题。但是这种带有民族特色的现代建筑的创作发展有待于深入的研究和完善，探寻走出拼凑的泥沼、走向真正和谐的整合发展之路。

创作实例 2：民族建筑符号的混搭——庞培住宅楼的双重表现

以庞培住宅为代表的建筑项目并没有采用"莫斯科风格"的建筑符号，但是同样体现了对民族风格的追求和对东、西方建筑元素的融合。这个被称为莫斯科乡情建筑的庞培住宅楼（图 4-20）位于莫斯科旧的 Arbat 区的一条狭长的小路上。项目东面是基督教救世主大教堂，西面是大使馆，狭窄的旧城区街道使人们很难拥有完整的欣赏视角，但是丝毫不影响这个宫殿般的建筑在 Arbat 街区脱颖而出。这个色彩鲜艳、装饰奢华的住宅建筑成为当代俄罗斯民族建筑创作中双重性特征的最好诠释。

建筑师米哈伊尔·别洛夫（Mikhail Belov）在庞培住宅楼的创作中，既不受古典主义范式的限制，也不受政府意愿的制约，而是利用东、西方传统建筑元素的混搭表现出独特的民族特色，在当代莫斯科建筑舞台上展现了独具一格的建筑表现。建筑师选择最上面两层进行突出的表现，利用两层高的柱子形成柱廊支撑厚重的建筑檐口。虽然柱子形式是由建筑师设计的，并采用了一种现代的新型合成材料，带给人们仿佛青铜铸造般的感觉，但是我们不难看出其同西方古典主义柱式的同源性。而檐口上的装饰构件明显源于东方传统建筑的雀替形态。西方式的线脚装饰、东方式的色彩搭配、西方式的浅浮雕装饰等细节表现不仅说明了建筑师对奢华之美的偏爱，还反映了建筑师对东、西方传统建筑元素的和谐混搭，更重要的是通过这种混搭手法在建筑创作上体现了东、西方传统建筑文化的整合共生，从而展现了俄罗斯特有的民族建筑文化的双重性特征。

图 4-18　简化的柱子形态 [30]

图 4-19　弧线形装饰元素 [30]

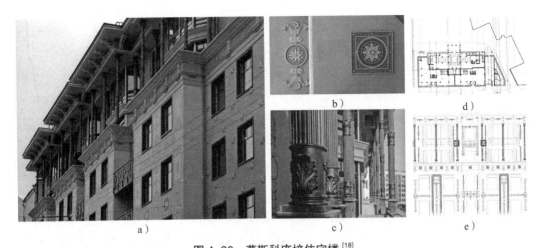

图 4-20　莫斯科庞培住宅楼 [18]

a）建筑外观　b）浮雕装饰　c）柱廊细部　d）建筑平面图　e）建筑立面节点

作为 20 世纪 80 年代末期俄罗斯最好的纸上建筑师之一，米哈伊尔·别洛夫在庞培住宅楼的创作展现了丰富的创造力和超越各种建筑教条的魄力。正如米哈伊尔·别洛夫所言："这个建筑对于我来说，既不是复古风格的，也不是历史的或后现代的。" [18] 整个建筑看起来是同现代主义反对古典主义装饰理念相对立的建筑，展现了建筑师对于花形装饰和古典主义建筑元素的理解与热爱。这种兼具东、西方建筑文化双重特色的建筑创作方式以对民族文化的尊重和理解，给予每一个经历过的人以情感的慰藉，给予每一个没有经历过的人以心灵的震撼，因而具有不可忽视的文化价值。

4.3.2.2　地方风格的奇葩

如同圣彼得堡的古典主义，莫斯科的现代而自由的混杂风格，俄罗斯各地方、州、市的新建建筑则体现了突出的地方性特点。下诺夫哥罗德著名的建筑师 E·N·别斯托夫认为："该市独特的历史传统是地方建筑发展最好的土壤；苏联解体后该市没有很快受到西方建筑文化的冲击，为地方风格的出现创造了良好的条件；经济活动较首都滞后也为建筑师创作提供了充分的时间保障；建筑师精工细作的职业道德也保证了地方建筑风格的良好发展。" [31] 同时，由于自身经济条件的限制，从一定程度上促使建筑师采用当地的建筑材料，进一步促进了地方建筑的发展。正是由于这些因素的综合作用，地域建筑在以下诺夫哥罗德、彼尔姆和萨马拉等城市为代表的这些地区里发挥了最佳的表现力，这些建筑借鉴了新艺术主义和装饰风格，同时融入了俄罗斯特有的东方建筑文化的特点，自然地与周围的城市传统建筑融合在一起。这些新建建筑作为当代俄罗斯建筑地域创作的代表，即使在当代欧洲也称得上是地域主义建筑创作的先锋。然而，转型时期的俄罗斯在建筑创作的发展上仍然是一个过渡性国家，在这样一个国家里，对自身地域建筑的追求还远远没有结束，只能说具有了良好的开端，地域建筑创作是否能带领俄罗斯建筑走向新的辉煌还需拭目以待。

创作实例 1：Garantiya 银行——下诺夫哥罗德地域建筑的奇迹

在 20 世纪 80 年代之前，下诺夫哥罗德的城市印象是一些破损的木构建筑，进入转型时期之后，由于对新项目的需求使这个地区迎来了城市复苏的进程。在 20 世纪 90 年代的后五年，随着政治环境的日趋稳定和俄罗斯主流经济环境的推动，下诺夫哥罗德的地域建筑发展进入鼎盛时期，几乎成为俄罗斯地域建筑发展的中心。建筑师被限制已久的创造力得以发挥，他们吸取地方建筑的全部精华，纵情地在创作中尝试一切可能的造型和装饰，通过随性的建筑创作表达渴望已久的自由。各种建筑创作手法在这里和谐共生，从而产生十分生动的地域建筑风景，吸引了全世界的目光。有人认为，下诺夫哥罗德地域建筑流派是 19 世纪折中主义的再现，但是我们不难看出两者之间存在着明显的差别，下诺夫哥罗德地域建筑创作不仅明显带有俄罗斯民族文化的双重性特征，同时这种风格并不是对古典主义风格的复兴，而是对当代俄罗斯建筑民族性的重建。

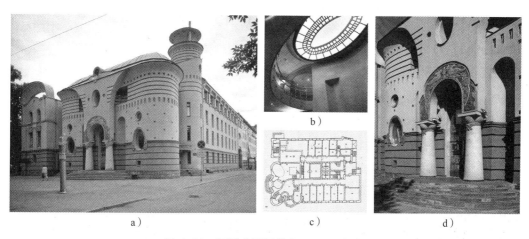

图 4-21　下诺夫哥罗德 Garantiya 银行
a）建筑外观 [18]　b）建筑室内 [32]　c）建筑平面图 [32]　d）入口细部 [32]

下诺夫哥罗德 Garantiya 银行（图 4-21）是这一流派中的代表作品，这座建筑坐落在下诺夫哥罗德城市中心，周围是古老的历史街区环境。建筑创作在平面布局、立面设计和整体造型中采用了椭圆形作为创作母题，从而产生了富于曲线变化的建筑造型和室内空间效果。从建筑创作的表现手法来看，该建筑不仅表现了东、西方建筑文化的融合，还体现了建筑的现代气息：大面积实墙为主的立面造型带来了建筑形体的厚重感，表现了源于西方石构建筑文化的民族根基；而入口空间精美的彩色陶瓷装饰却渗透了东方文化的艺术气息；除了主立面之外，建筑师采用简洁、朴素的现代建筑手法突出建筑的时代感。Garantiya 银行的创作利用地域特点缓和现代建筑文化的冲击，在表达地方文化的建筑艺术的生命力的同时吸收现代建筑样式的有益原则，这种既根植于本土文化又富于时代精神的地域建筑创作，无疑在世界建筑文化趋同的时代中成为当代俄罗斯建筑创作中具有发展潜力的创作倾向。

创作实例2：飞翔之屋——萨马拉地域建筑的新艺术风格

飞翔之屋（图4-22）是位于萨马拉市中心剧院广场北侧的一幢多功能的商业办公及居住建筑综合体，其东西两侧是建于19世纪的萨马拉市剧院和古老的市政厅。从建筑创作的角度看，建筑立面构图的艺术手法、体量之间的协调关系都体现了俄罗斯转型时期建筑创作对传统的重新思考与理解，表达了追求具有地域特点的审美格调。而在建筑细节的处理上，例如：窗与窗套、盲窗、阳台、门洞的比例和尺度的推敲则体现了建筑师精心的协调。由此，在剧院广场这样的历史环境中，飞翔之屋具有明显的地域特色，同时承载了转型时期俄罗斯的社会印记。在当今俄罗斯社会转轨的过渡时期里，飞翔之屋的建筑创作让人联想到20世纪初的"新艺术运动"。新艺术运动是指在社会工业化初期，新技术、新材料发展的初级阶段，古典审美情趣的"惯性化"引发的在建筑创作上的倾向。而在社会转型的当代俄罗斯，原有的工业体制解体，新的技术发展还没有完全建立，导致俄罗斯在建筑技术和材料方面的发展相对欧美国家较为落后。而公众对历史的重新认识，和民族化审美情趣的"惯性化"，带来了俄罗斯转型时期地域建筑创作的"新艺术风格"。这种风格是当代俄罗斯建筑创作的一种文化策略，其实践根植于地方建筑的传统文化，同时交织了社会发展带来了现代建筑理念，从而实现异质文化的整合共生。在表达地方文化的建筑艺术的生命力的同时对时代发展问题依然保持了良好的合作。

a ）   b ）

图4-22　萨马拉飞翔之屋[33]

a）建筑立面表现　b）建筑细部

4.4　文化趋同观下的建筑创作

所谓趋同论，原本是指西方资产阶级学者于 20 世纪 60 年代提出的一种社会发展理论。它最核心的看法就是认为社会主义和资本主义随着发展，相似点越来越多，最终将趋同为一种既非资本主义、又非社会主义的"新制度"。将趋同论应用于分析建筑创作的发展，则是指在全球化背景下，世界建筑发展呈现出的同质化倾向。在经济全球化发展的引导下，建筑文化的发展如同人类社会、科技、文化等的发展一样，突破彼此分割的多中心状态，走向世界范围同步化和一体化的过程，对地域和民族性文化提出了挑战，并在一定的程度上促成了世界建筑文化趋同的发展局面。

经历了从社会主义到资本主义转型的俄罗斯，在本土文化的复兴发展中遭遇西方文化的冲击，从而在建筑文化中表现出强烈的兼容性特征。其建筑创作的发展不可避免地被融入世界建筑文化的熔炉，表现出趋同化的创作理念与手法。在多样化的西方建筑文化中，有些建筑文化正好契合了转型时期俄罗斯的社会现实，经过不断融合，这些理念被迅速整合到当代俄罗斯建筑创作的发展中，并应用于创作实践。在趋同观引导下，建筑创作的多元化整合使当今俄罗斯建筑形式具有比任何时期都更加灵活的可塑性，为俄罗斯转型时期建筑创作提供了无限的想象空间和自由发挥的余地。

4.4.1　建筑文化的柔性趋同——文化倒流

文化倒流现象是指一种文化在接受另一种文化后，结合自身情况加以融会贯通、发扬光大，然后再流回来源的文化中。在建筑领域，则表现为一种建筑文化融入另一个建筑文化环境之中，经过融合发展，形成新的建筑文化或风格后，传播回来源的建筑文化环境之中，并产生一定的影响。苏俄前卫主义运动是俄罗斯建筑历史上取得辉煌成就的建筑活动，在 20 世纪 20 年代广泛地传播到欧洲各国及美国，并对世界建筑创作的发展产生了重要影响，在西方建筑文化的环境中经过不断的创作实践，同西方建筑理念融合发展从而形成了不同的分支。在全球化发展的今天，当西方先进的建筑创作理念以前所未有的多样化冲击俄罗斯转型时期建筑创作的时候，这些分支所代表的建筑文化的倒流现象就出现了。

4.4.1.1　构成主义在当代俄罗斯的文化倒流

"构成主义"一词最早在 1913 年由塔特林提出，用来描述拼贴向三维空间的发展，后来延伸到雕塑、绘画、建筑等各种实用艺术领域，并在苏俄前卫艺术家们的激情中被不断丰富和完善。构成主义强调几何抽象理念，吸收了至上主义的抽象思维、立体派的拼裱技法以及未来主义的动态追求，从而形成具有独特风格的艺术表现。

其抽象手段常常表现为平面与线条的杂乱组合，色彩和形象的矛盾冲突，重叠的形体和交错的光影，造成了一种动态的美感体验（图4-23）。苏俄前卫艺术家将构成主义理念应用于建筑创作，把结构当成是建筑设计的起点，以此作为建筑表现的中心，把构成主义形式当作单纯的美学结论。从而通过采用经过抽象和简化的几何形象呈现对建筑空间的构思，打破原有的建筑范式，形成了构成主义建筑（图4-24）。由于对构成主义理念的不同理解和运用，刺激出不同意识形态的构成主义建筑，并取得辉煌的成就。

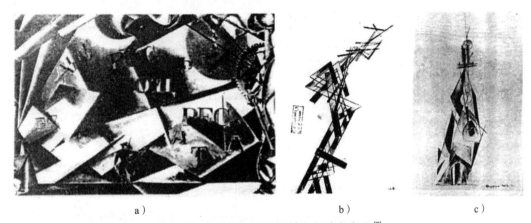

a）　　　　　　　　　　　b）　　　　　　　　　　c）

图4-23　构成主义作品的抽象与动态表现 [9]

a）阿·维斯宁抽象构成　b）、c）罗德钦科建筑构图

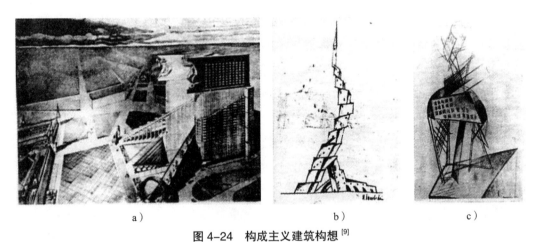

a）　　　　　　　　　　　b）　　　　　　　　　　c）

图4-24　构成主义建筑构想 [9]

a）美尔尼科夫莫斯科重工业人民委员会竞赛方案鸟瞰　b）拉多夫斯基建筑构思草图　c）罗德钦科带顶立面的
城市设计构思

　　苏俄构成主义在西方国家的传播，无疑成为今天解构主义建筑的形成与发展的主要基础。首先，从建筑理念上来看，构成主义建筑的核心——建筑结构，是解构主义

存在的根本和消解的对象。从本质上说，构成主义和解构主义都是建立在以建筑结构为核心的创作理念之上，只是对待"建筑结构"的态度不同，表现建筑的手段各异，这无疑说明了构成主义同解构主义的同源性本质。构成主义的代表人物马列维奇曾说过："艺术在某种程度上讲，是创造一种结构的能力，结构本身不应从形与色的关系中产生，也不应以构图的美学趣味为基础，而应以重力、速度和运动方向为基础。"这显然表达了今天解构主义建筑师的心声。其次，值得说明的是，在建筑创作的表现手段上，解构主义并不直接来源于构成主义建筑作品，而是受到构成主义艺术的深刻影响。构成主义在抽象创作观念领域内的感受和思考成为今天解构主义表现的基础，构成主义艺术对空间动势的表现和对抽象构图的运用无疑契合了当代解构主义的审美诉求。可以说，苏俄构成主义早期的抽象创作对解构主义建筑创作的几何构图和消解机制产生了重要作用。里西茨基、康定斯基、马列维奇等建筑师或艺术家的构成主义思想影响了屈米、扎哈·哈迪德、蓝天组等解构主义建筑师在建筑创作中对几何形式的构图观感。解构主义同构成主义的同源性，催生了解构主义在当代俄罗斯建筑创作领域的认同感，并在俄罗斯转型时期的建筑创作中产生更加出色的演绎。

创作实例：Barvikha Villa 别墅——扎哈·哈迪德解构主义创作

作为第一位获得普利策奖的女建筑师，扎哈·哈迪德被称为建筑界的"解构主义大师"，以其自由独特的创作手法赢得学术界和公众的广泛声誉。虽然对于扎哈·哈迪德是否是解构主义建筑师还在不断的争论之中，甚至她本人并不认为自己是解构主义的一员，但是她的创作无疑受到了早期构成主义艺术的熏陶，并在其作品中表现出强烈的几何构成特征。与解构大师屈米、埃森曼所不同的是，哈迪德主要受到早期构成主义艺术家马列维奇的至上主义的影响（图 4-25），马列维奇对艺术创作的创新性和纯粹性的追求成为哈迪德的创作动力，而马列维奇对平面构图的不懈探索和"自由的"抽象创作无疑成为哈迪德的创作源泉。近年来，哈迪德频繁走访俄罗斯，从彼尔姆的新艺术博物馆竞赛到 Barvikha Villa 别墅方案的创作，她一步步走向俄罗斯，并与俄罗斯建筑师对话。哈迪德在俄罗斯创作的这些作品连同她的建筑创作理念无疑成为苏俄构成主义在俄罗斯转型时期倒流的典范。

Barvikha Villa 别墅（图 4-26）位于 Barvikha 山体北面的在松树和桦树林中，整个建筑由 4 层空间构成，第一层为休闲空间，包括起居室、按摩健身空间以及桑拿浴房；第二层为主要的起居空间，包括餐厨空间，娱乐空间，室内游泳池和停车场；由于基地处于斜坡之上，主要入口被设于第三层，这是传统意义上的第一层，包括主入口门厅、藏书空间、客房及儿童房；带有休息空间和室外露台的主卧被安排在最高层。支撑顶部空间的实体立柱不仅是功能性的结构需要，同时也是别墅纵向的交通空间，建立了各个水平空间的直接联系 [34]。

a）　　　　　　　　　　　b）　　　　　　　　　　　c）

图 4-25　马列维奇至上主义作品[9]

a）克仑的肖像　b）58#　c）二维四维色彩构图

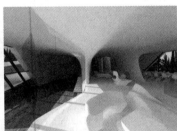

图 4-26　Barvikha Villa 别墅设计方案[56]

　　别墅造型的创作概念来源于基地独特的地貌形态。哈迪德采用流动的几何学构图描述由于地形流动而形成的地质概貌，并将其延续到建筑的内部空间，从而使建筑的各部分成为一个有机的整体并同基地地形有机结合。这种流动性的创作形成了错综复杂的、层叠的立体空间构成，使建筑如同景观一般契合在基地环境之中。哈迪德不仅保持了建筑同地面完善的结合状态，同时也从根本上拓展了具有空间清晰度的建筑形体关系，形成了原创的、强烈的个性视觉，这无疑体现了苏俄构成主义追求动势的、抽象的创作思维。

这个居住建筑虽然体积小巧，却体现了哈迪德一贯的创作风格，大胆利用空间，巧妙运用几何学原理，使作品与环境融为一体，成功展示了别墅建筑的独特性。哈迪德在自然环境中摒弃运用木构契合自然环境的想法，从地形特点出发，运用流动的几何学对建筑的本质进行重新定义，从而演绎出具有漂浮动势的建筑形态，这才是哈迪德在建筑中所要实现的本质目的。无论是盘绕元素的运用，还是多向度的动态造型，都从创作思维的深层体现了苏俄构成主义艺术的精髓。哈迪德将新的认知转化为现存造型的重组，目标是要透过结合不同的元素以构筑新的现实。哈迪德的建筑作品和这种创作追求对于俄罗斯转型时期建筑创作而言，无疑是有震撼力的冲击，成为引领当代俄罗斯解构主义创作发展的主要力量。

4.4.1.2 表现主义在当代俄罗斯的文化倒流

表现主义也是苏俄前卫艺术运动的一个分支流派，同构成主义具有一定的同源性，虽然在苏俄前卫运动中的影响远不及构成主义的发展，但是由于其代表人物切尔尼霍夫充满激情的作品在西方艺术及建筑领域广泛传播，因此对西方建筑的发展产生了不亚于构成主义的深刻影响。切尔尼霍夫主张自主地进行格拉费卡式思考，以激发巨大的创作潜能，同时，至上主义也是切尔尼霍夫艺术思维的一个重要基础，在此基础上，他发现了形象构成的巨大可能性，从而运用形象构成的手段形成"乌托邦"式的幻想建筑创作。虽然切尔尼霍夫一生没有一个建筑创作得以实施，但是由于他创作了数不清的建筑幻想作品（图 4-27）以及这些作品对 20 世纪西方现代建筑发展的重要推动作用，人们仍然喜欢将他归为建筑师而不是艺术家的行列。

图 4-27　切尔尼霍夫表现主义建筑幻想 [9]

切尔尼霍夫的建筑创作成为艺术追求和文化表现的载体，建筑创作似乎与功能、形式脱离了实质性的联系，而是处于理想与幻觉之中，这种建筑创作的倾向无疑促进和推动了西方超现实主义建筑的形成与发展。由此，我们可以看出，超现实建筑创作的发展同苏俄前卫建筑运动中表现主义建筑具有同样的理想，它们都为建筑未来发展作出了预见性的探索，只是在科学技术日益发达的今天，超现实主义建筑创作在现代技术手段的支持下正在走向建筑实践。当西方建筑以先进的姿态冲击俄罗斯建筑创作的时候，超现实建筑的风格作为前卫的代表而赢得了赞赏，并激发了本土建筑师的创作灵感，其中最具代表性的是亚历山大·阿萨多夫（Alexander Asadov）和亚历山大·勃罗德斯基（Aleksander Brodsky），他们的建筑作品以无拘无束的"幻想性"和自由的"创造性"而成为当代俄罗斯超现实主义建筑创作的本土典范。作为苏俄前卫艺术运动中表现主义的文化倒流现象的代表，超现实主义建筑的创作可能不能经受现代世界的持续性和经济的考验，但是这样的建筑无疑成为当代俄罗斯建筑创作中的一个亮点，并在当代俄罗斯建筑创作的土壤中获得了新的发展。

创作实例：Aero 酒店——本土建筑师的超现实主义创作：

俄国建筑师亚历山大·阿萨多夫因其独特的解构主义设计在俄国享有盛名[36]，他以独特的构思创作的 Aero 酒店方案（图 4-28）一经问世，就成为关注的对象。媒体关注它，是因为有新闻价值，建筑师关注它，则因为它在创造、在新生并怀有期望。Aero 酒店创作方案虽然从技术方面对建筑方案的现实性进行了一定的支撑，但是这个创作仍然具有明显的幻想建筑特点，寄托了建筑师对于未来建筑的预见，从而成为俄罗斯转型时期超现实主义建筑创作的典范。

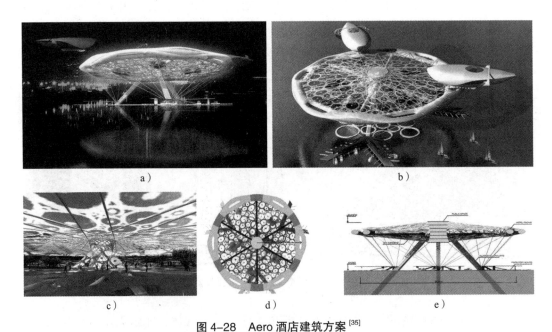

a）   b）

c）   d）   e）

图 4-28　Aero 酒店建筑方案[35]

a）夜景表现图　b）日景表现图　c）室内表现图　d）建筑平面图　e）建筑剖面图

亚历山大·阿萨多夫以抽象的创作思维，运用高度模糊化、凌乱化的解构主义艺术创作了这个水上酒店建筑方案。该建筑 200 米宽的主体像由三根辐条组成的自行车轮一样被支架支撑，建筑形体仿佛太空飞船一般，通过优雅的支撑体系悬浮于水面之上。主体内设有酒店，咖啡厅，餐厅和冬季花园，顾客可以通过水上、陆地、空中各种交通工具进入这个人造岛屿般悬浮在水面上的建筑主体。悬浮的理念也体现了建筑师对未来建筑发展方向的前瞻性思考，表现了建筑师期待未来建筑的形成过程和主体结构能够实现对生态的零破坏。阿萨多夫建筑设计事务所表明："这个水上建筑比在地上建筑房屋更减少经费，同时，在修建中的建筑底部所有的环境都不会受影响，因此提升了该设计的生态价值。"[35] 值得一提的是，Aero 酒店创作虽然是超现实的建筑幻想，但是并不是随心所欲的创造，而是具有重视内在结构因素和总体性考虑高度统一的创作基础，这使建筑创作具有走向实践的基础。建筑作为物质载体，塑造了建筑师对未来生活的幻想，并由此产生一种全新的建筑审美趣味和充满震撼力的视觉体验。阿萨多夫建筑设计事务所目前宣布阿拉伯投资商对该经济型的 Aero hotel 方案有极大兴趣，历史也一再证明，今天超现实的幻想确实具有预言未来现实建筑的功能，因此，当代超现实建筑的创作无疑对未来的建筑提供了一种科技与艺术的双重参考。总之，超现实主义建筑不仅是西方当代建筑发展的一个方向，同时也成为俄罗斯转型时期建筑创作的先锋。

4.4.2 建筑文化的刚性趋同——西式表现

从俄国统治阶层的"西方化"改革，到今天俄罗斯精英阶层领导的"全盘西化"的社会转型，不难看出俄罗斯的发展历程一直伴随着社会上层对西方文化的崇拜与追求。虽然从政治角度来讲，"全盘西化"的体制变革并没有使俄罗斯走上资本主义的繁荣发展，但是从文化的角度来看，却给当代俄罗斯的社会文化带来了深刻的影响，俄罗斯社会文化摆脱了社会主义时期单一文化形式的枷锁后，开始向传统文化、民族文化、西方文化吸取能量，从而转向多形式的内爆发展。而精英阶层的西方化倾向无疑成为转型时期俄罗斯文化发展的主流倾向，并在城市建筑中表现出来。

当代世界的全球化发展对逐渐开放的俄罗斯而言，无疑成为加速文化"西方化"进程的推动器。全球化是指人类的社会、经济、科技和文化等各个层面，突破彼此分割的多中心状态，走向世界范围同步化和一体化的过程[37]。有些学者认为，全球化是西方文化全球扩张的代名词，西方以其先进的消费式文化威胁着其他国家的传统文化的存在，并且依靠跨国资本主义和经济、文化上的"后殖民关系"来维护。从经济发展角度来看，全球化使世界资源实现了最佳配置；从科技进步的角度来看，全球化使科技成果成为人类的共同财富，从而推动科学技术以前所未有的速度向前发展；从建筑发展的角度来看，全球化所带来的跨文化交流无疑是建筑文化发展的重要手段。

各国的文化交往越来越频繁，从而使任何一个国家的建筑文化发展，都超越封闭自律的阶段，受到各种外部文化的影响。俄罗斯也不例外，随着文化产生与传播日益依赖技术，建筑也逐步蜕变成一种技术性的产品与附属品。同时，现代经济对广告的依附，也使建筑变成一种广告信息媒体，它加速了"建筑商品全球化"的趋势，并促使建筑风格的频繁更新。虽然全球化对俄罗斯建筑创作的地域和民族性文化是一个极大的挑战，但是也给俄罗斯建筑发展提供了良好的契机。

俄罗斯精英阶层对西方文化的崇拜构成了俄罗斯转型时期建筑文化西式表现的内在根源；而全球化发展的冲击无疑成为俄罗斯转型时期建筑创作西式表现的外在动因。由此，在当代俄罗斯社会转型的背景下，其建筑创作的发展必然走向同西方建筑文化的趋同，并且这种趋同成为主动吸取和被动接受相结合的产物，在内因驱动和外因促进中，俄罗斯转型时期的建筑文化趋同无疑呈现出一种不可撼动的刚性表现。

4.4.2.1 国际风格的广泛认同

20 世纪 20 年代，在现代主义建筑兴起的时候，苏联建筑却从世界现代建筑潮流中出走，回到了古典主义。随着社会主义现实主义的不断探讨，直到 50 年代苏联才逐渐回归到现代主义的发展道路上。然而由于极端的反浪费运动，使苏联现代主义建筑片面地强调建筑的经济性、过分地追求建筑形式的简洁，导致苏联在现代主义建筑的发展道路上走向了简易化的极端，因此，可以说现代主义建筑创作在俄罗斯始终没有得到良好的发展，呈现出整体水平不高的现代主义建筑表象。90 年代社会转型初期，俄罗斯在社会精英阶层全盘西化的带动下，社会体制、经济、文化等转向西方。于是，西方成熟的现代主义建筑创作无疑成为当代俄罗斯效仿的典范，这种国际化的建筑风格由于没有地域和传统的限制，强烈反映了时代特征和国际流行，并在精英阶层的推崇下获得了广泛的认同。同时，全球性文化趋同和跨国公司在俄罗斯转型时期掀起的投资高潮，进一步推进俄罗斯城市国际化与西方化的进程。

在社会转型之前，俄罗斯的建筑创作在古典主义风格和预制建筑中徘徊，但在社会转型之后的今天，大批建筑工地如雨后春笋般出现在俄罗斯的主要城市，这些工地正孕育着大批国际风格的建筑，正在逐渐改变当代俄罗斯城市建筑的面貌。于是，现代主义的基本理论以及在理论引导下的国际风格的建筑创作引起俄罗斯建筑界的关注。

（1）国际风格的高层建筑创作　社会转型前，俄罗斯高层建筑大多为斯大林式的创作形式，高层建筑追求古典风格的构图和装饰效果。社会转型和随之而来的社会文化的西方化，使高层建筑的审美受到西方国际风格影响，新建高层建筑创作开始以国际式的简洁为特点，追求建筑自身的形体变化而带来的韵律美感体验，从而使高层建筑成为俄罗斯转型时期建筑创作国际风格的代表。

　　由英国罗麦庄马（RMJM）建筑设计公司完成的奥赫塔中心（图 4-29）位于圣彼得堡，是俄罗斯天然气工业公司的新总部。该建筑高约 396 米，主体采用螺旋上升的现代建筑形态，建成后将成为圣彼得堡市的新地标和制高点。这座斥资 24 亿美元的大厦，以简洁的现代建筑形象矗立于美丽的涅瓦河畔，建筑师采用两片玻璃"皮肤"制造一个环绕大楼主体的"心房"，使得这座大楼具有超级隔热性，从而赋予建筑绿色环保的建筑创作理念。虽然该建筑由于造型新颖而简洁、体量显赫曾被指责过于现代的形象将给圣彼得堡的传统的城市环境带来破坏，但是仍然获得了政府的认可，并认为奥赫塔中心将成为圣彼得堡城市建设历程中的重要一步。应该说奥赫塔中心的建设作为国际风格的先行者，引领了当代圣彼得堡城市建设走出单一的传统建筑文化，走向国际化的审美标准。

a）　　　　　　　　　　　　　　　　b）　　　　　　　　　　　　　　c）

图 4-29　奥赫塔大楼方案[38]

a）建筑表现　b）室内表现Ⅰ　c）室内表现Ⅱ

　　转型时期的俄罗斯，由于社会发展的需要和经济繁荣的支持，许多高层建筑项目处于建设和方案创作阶段，转型时期的俄罗斯高层建筑作为城市的地标建筑，肩负着表现时代特征和彰显经济、技术实力的责任，因此在建筑创作中一般采用国际风格。而外来建筑师的积极参与和国际业主的审美要求更进一步加强了国际风格高层建筑的发展。莫斯科水银城市大厦（图 4-30）、第聂伯河畔的高层综合体（图 4-31）、乌拉尔的叶卡捷琳堡塔楼（Ekaterinburg Tower）（图 4-32）等俄罗斯高层建筑在创作中对简洁形体的追求和对建筑韵律感的表现等无不体现了现代主义国际式风格的创作诉求。

　　（2）国际风格的公共建筑创作　公共建筑无疑是国际风格的又一个拥戴者，俄罗斯转型时期的公共建筑为展示一种"全球化"的现代形象，大多在传统的建筑环境中运用国际式的现代建筑创作表现出自己的"西式"身份。

图 4-30　莫斯科水银城市大厦[39]

图 4-31　第聂伯河畔的高层综合体[20]

图 4-32 乌拉尔的叶卡捷琳堡塔楼[40]

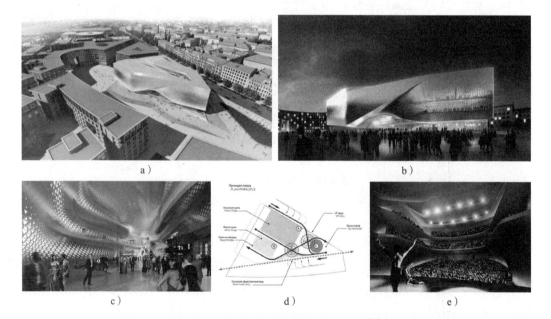

图 4-33　圣彼得堡舞蹈剧院设计方案[41]

a）全景表现图　b）夜景表现图　c）室内表现Ⅰ　d）建筑平面图　e）室内表现Ⅱ

　　圣彼得堡舞蹈剧院（Dance Palace St. Petersburg）（图 4-33）位于圣彼得堡城市历史中心区广场上，邻近弗拉基米尔宫和保罗大教堂等历史建筑，因此城市历史文脉的限制成为该项目不可避免的主要问题。尽管如此，该项目仍然采用了现代的国际建筑风格，简洁如雕塑般的建筑形态采用了现代的表皮材料，这种材料反射了周边传统的历史建筑，从而弱化了自身的建筑形体，以一种独特的现代手段保持同周围卓越的历史建筑的联系。建筑主入口的设计简洁而流畅，开放的理念将室内流通而透明的大堂环境同室外生动的广场环境联系起来，从而将舞蹈剧院同城市广场融为一体。圣彼得堡舞蹈剧院完全以现代的创作手法完成了从建筑形态到功能的创作，在城市历史环境中展现了时代精神，作为现代化的标志，建成后将成为圣彼得堡现代的标志性建筑。

国际风格的建筑摒弃了地域、经济条件的差别，在本质上探寻评价、判断不同地域、不同类型建筑的基本价值准绳，从而实现建筑的创新出路。因此，当代俄罗斯国际风格的建筑创作与其说是一种精神追求，不如说是一种方法，而在转型时期的俄罗斯，这种处理手段成为当代大型公共建筑面对城市文脉的一个主要方式。

俄罗斯转型时期国际风格的建筑创作发展在某种程度上成为受西方建筑文化影响的时代性表达，在观念层面上通过强调建筑设计中的创新意识来体现建筑的时代特征，在操作层面上表现为对西方建筑文化有目的的移植。现代主义尽管存在缺陷，但它所强调的建筑自律性和对现代商业模式及办公模式的适应性都是应当肯定的。随着俄罗斯建筑技术的进步，建筑创作水平的不断提升，国际风格的建筑创作正在不断的自我整合与完善以迎合时代的需求。

4.4.2.2　大众文化的勃兴发展

当代俄罗斯在社会转型时期的文化发展受西方文化影响的另一个主要表现在于大众文化的勃兴。"大众文化"（Mass Culture）是在现代工业社会中所产生的、与市场经济发展相适应的一种市民文化。大众文化直接诉诸人们的现代日常生活的世俗人生，它是工业社会背景下与现代都市和大众群体相伴而生的、以大众传播媒介为物质依托的、受市场规律支配的、平面性、模式化的文化表现形态，其最高原则是极大地满足大众消费[42]。社会转型所带来的社会意识形态的混沌，市场经济所带来的商品意识和利益追求都为大众文化在当代俄罗斯的发展提供了"土壤基础"。于是，在开放的政策、传媒的作用以及新的消费方式的不断涌现下，大众文化以一种压倒性的发展势头，成为俄罗斯转型时期的社会文化中最具规模和活力的部分。俄罗斯大众文化真正的勃兴，是在经济逐渐市场化过程中意识形态对文化的控制作用解体，市民阶层独立并拥有了文化的消费权利，进而导致文化发生分化的必然结果。因此，无论在市场化的程度，还是在流通的范围，以及对大众的吸引力和娱乐性等方面，大众文化都远远地超过了其他文化的发展速度，从而，导致它所固有的交换逻辑和快乐原则的广泛扩张。大众文化的蔓延形成了以消费、娱乐、欲望所构成的对传统文化的反抗，并由此产生的夸张、变异、对抗、荒诞等极端的审美元素逐渐渗透到当代俄罗斯文化之中。西方大众文化中公认的惯用手法在俄罗斯转型时期的"语言环境"中获得了全新的社会和历史意义[11]。

在这样的社会文化背景下，随着商品经济的发展和西方消费观念的扩张，俄罗斯转型时期的建筑创作明显容纳了对大众文化的审美，形成了以迎合商业投机和业主要

图 4-34 "橙"博物馆设计方案[43]

求为目的的建筑创作。于是，追随社会的大众取向、追求享乐、陷入通俗乃至庸俗成为当代俄罗斯建筑创作的一种新趋向，并成为俄罗斯转型时期建筑创作中最突出的特征之一。建筑创作丧失了作为人类生存内在基础的意义深度，以形象崇拜代替审美精神，从而沉沦于形象消费的大众文化市场。

创作实例：Orange——诺曼·福斯特的波普表现

波普艺术作为大众文化和商业文化最重要的艺术反映，对建筑领域产生了非常直接的影响，它将大众文化和商业文化的语言和符号纳入了艺术领域，并直接反映在建筑领域中，在思想层面影响了建筑师的思考。以高技术和生态建筑创作著称的诺曼·福斯特虽然不是波普建筑的创作代表，但是他所创作的以"橙"命名的博物馆建筑却以具象化的形象取悦大众审美，从而使这个坐落在莫斯科的博物馆成为俄罗斯转型时期建筑创作中备受关注的波普建筑的代表。

"橙"项目是 Inteco 公司开发的，建筑面积为 80000 平方米，是一个融合了商业功能的当代艺术博物馆（图 4-34）。建筑形态完全是对橙子自然结构的具象表现，方案创意来源于一个关于俄罗斯财富的历史象征，但是表现手法却无疑将建筑推向取悦大众的波普形象。被切割为 5 个部分的"橙子"博物馆，共 15 层，建筑师为形成更加逼真的橙子形象，运用高技术手段形成结实紧密的橙色表皮结构，这种表皮结构不仅在寒冷的冬季气候减少建筑内部环境热量的消耗，同时使得光线通过立面墙上的釉面插槽能够穿透深入建筑内部，从而为建筑内部环境带来更多的自然光，并在建筑内部形成温暖的微环境。"橙子"博物馆建筑方案利用波普化的具象表现隐喻了俄罗斯的财富传说，以日常生活中的食物形象追求诉诸感官的娱乐效果，从而吸引大众的视觉注意，使博物馆建筑从周围一系列的宾馆区和居民区脱颖而出。

诺曼·福斯特运用高技术手段形成的这个巨大"橙子"状的博物馆方案虽然充满了荒诞味道，但是在俄罗斯却迎合了大众的审美，得到了广泛的认可，被评价为富有创造力的大胆创意。

4.4.3 建筑文化的趋同性整合——后现代社会建筑创作的内爆

20 世纪 60 年代后期，随着科学技术和市场经济的飞速发展，西方一部分发达国家进入后工业社会状态。信息社会、高技术社会、高度发达社会，在文化形态上称为"后现代社会"，这种文化是对现有文化的总体性反思。如果说现代社会文化的基本特征是分化，分化作为文化的现代性建构，导致古典文化瓦解，那么后现代社会文化则体现为对分化的消解，并力图对其建构方式进行有效的整合。正如英国社会学家拉什（S. Lash）所说的："如果文化的现代化是一个分化（differentiation）的过程，那么，后现代化则是一个消除分化的过程。"[44] 后现代性的认识论超越了主客二分模式，超越了逻各斯中心主义，重写并转化了现代性的分化状态 [2]。后现代社会文化在一种整体的社会思维进程中对现代主义进行反思，其核心从现代社会文化普遍分化的本质论演变为多元的生成论。科技信息、产业结构、社会生活、传播媒介、意识形态、艺术思潮、建筑风格同时态地发生转向。现代艺术所建立的各种艺术的规范和边界，在后现代文化的兼容和撞击中丧失殆尽。在建筑创作领域，则表现为对现代主义的各种思潮的反思与批判，各种建筑理论在同一的时代语境下被转化、被整合于复杂的互动关系之中，彼此相互激发影响，从而衍生出无主导性、反本质主义、鼓励探索、允许创新的建筑创作的新发展。从此，现代主义建筑认识论的二元对立的文化结构被取代，当代建筑文化处于一种不断整合且无中心的状况 [2]。

在全球化趋同的时代，后现代社会的文化迅速扩张，并在当代俄罗斯遭遇了社会转型的特殊背景，从而产生了不同于西方社会的俄罗斯后现代社会文化。由于国家解体，社会体制的变迁，20 世纪 90 年代前后的俄罗斯文化艺术有着天壤之别。政治环境的剧变明显地反映在社会文化发展当中，直接孕育出文化艺术的多元化，就其规模和力度而言，转型时期文化艺术的多元化在俄国是史无前例的。苏联延续下来的苏维埃文化、俄罗斯丰富多彩的侨民文化、传统东方文化的复兴和当代西方文化的冲击建构了转型时期俄罗斯社会文化的主体框架，在这个框架下的当代俄罗斯文化的多元化是相互对立力量聚合的产物，也是彼此难以共处的文化之间冲突的产物。俄罗斯和西方的后现代主义的本质区别也在于此：如果说西方后现代主义萌生于知识分子个性化创作的探索的话，那么，俄罗斯后现代主义则是俄罗斯——苏维埃文化后极权主义发展阶段的矛盾冲突的结果。这些冲突包括：官方文化和非官方文化的冲突，用户和反对极权主义势力之间的冲突，宗教和无神论的冲突，科学与伪科学的冲突等，这使俄罗斯的后现代主义不仅有别于西欧的社会文化现实，与东欧的后现代主义相比也具有更大的戏剧性，并带有变化—危机的性质 [11]。于是，转型时期的俄罗斯社会文化表现出独有的特征。首先，在各种社会因素的影响下，社会文化表现出了明显的混沌性：既融入市场机制，又受制于极权主义；既寄希望于国家的文化"父道主义"，又充满着要为生存而竞争的精神；它鄙视大众文化，特别是西方的大众文化，又渴望广受大众青睐。其次，政治文化的行为失范和管理无序带来了文化发展的矛盾性：普希金和罗扎诺夫、托尔斯泰和索尔仁尼琴、涅克拉索夫和费特、列宾和康定斯基、马雅科夫斯基和勃罗茨基、陀思妥耶夫斯基和列宁等矛盾体被统一在一个文化范式里。而俄罗斯文化巨大的兼容性在转型时期将这些彼此不调和的、斑杂而支离破碎的文化整合在一起，形成了俄罗斯转型时期典型的多元化的后现代社会文化。

社会文化的多元化作用于建筑领域则体现在创作方法、题材风格等各个方面的多元化发展，只允许一种意识形态，一种创作、评价方法存在的时代已不复存在，取而代之的是一个全新阶段的来临。俄罗斯自身复杂的建筑文化体系在全球化的今天受到西方各种建筑文化的强烈冲击，更加促进了俄罗斯建筑创作中形式结构的裂变。国际风格、后现代主义、解构主义、浪漫主义等等被引用和实践，再不是如"社会主义内容"、"民族形式"等单纯的准则能够评价的了，建筑创作领域同发生剧变的社会体制"同生共进"，进入了高速发展的繁荣时期。正如俄罗斯著名建筑师米哈伊尔·哈扎诺夫说："现在建筑创作拥有最大的自由，我们可以任意选择[20]"。

在这个兼容并蓄的全新阶段，建筑文化同社会文化一样呈现出无中心的、充满矛盾与冲突的内爆式发展。建筑师在世界观和创作风格上的矛盾，创作上的自由和不自由、积极和消极、打破固定模式的探索和一成不变的"复制"，在这一系列的对比冲突中，建筑创作的发展在充满变数和危机中摸索前行。这成为转型时期俄罗斯后现代社会建筑创作发展的重要特点。在这种建筑文化影响下，部分建筑师推崇把高雅文化与大众文化、商业文化相混杂，把各种复杂、矛盾性直接无误地表现出来，把各种冲突的因素相互融合，同时引进历史符号、商业符号等概念，其美学意图是力求突破现代建筑简洁单调带来丰富的视觉效果。俄罗斯后现代社会中的建筑创作的"混沌"摧毁了建筑创作的一元式发展，但是，在"破"的同时，客观上也在"立"，建筑师们以自己的探索，尝试着成功或失败地塑造转型时期俄罗斯建筑创作的面貌。

俄罗斯转型时期建筑创作的这种内爆式发展使建筑创作摆脱固有模式、从形式到内容全方位的多元化，这是在社会转型的特殊时期，全球建筑文化的趋同性整合。在整合的过程中，由于当代俄罗斯社会发展的特殊性而具有了不同于其他国家的充满"冲突性"和"混沌性"的无序表现，这是经历冲刷和洗礼的转型时期俄罗斯建筑创作发展引人注目的特征。

4.5 本章小结

本章在文化视阈下研究当代俄罗斯建筑创作的多元发展，以文化传统观、文化地域观、文化趋同观为研究基点，将当代俄罗斯建筑创作的发展主流归纳为在传统文化影响下的古典主义发展、在独特的民族文化引领下的地域建筑发展以及在全球文化趋同促进下的建筑文化的多元整合。

首先，从文化传统观分析当代俄罗斯建筑古典主义创作的发展，通过对建筑创作实例的总结分析，将古典主义的创作发展归纳为古典主义的复兴发展、超越发展、异化发展。

其次，从文化地域观分析当代俄罗斯地域建筑的发展，通过对民族文化的自然性和双重性的分析，总结转型时期地域建筑创作所特有的乡土情怀与双重表现，并通过建筑创作实例阐释俄罗斯转型时期在地域建筑创作方面的领先性。

最后，从文化趋同观分析当代俄罗斯建筑发展的趋同表现，通过对俄罗斯文化的扩张性、对西欧文化的崇拜性以及文化发展的兼容性的深入分析，论述建筑创作所呈现的文化倒流、西式表现、趋同性整合的表现，并通过建筑创作实例呈现当代俄罗斯建筑创作趋同表现的多元化。

本章注释

[1]　王国杰 . 俄罗斯历史与文化 [M]. 西安：陕西人民出版社，2006：182.

[2]　张炯 . 21 世纪新视野中的双重建筑文化 [J]. 新建筑，2004（5）：73.

[3]　朱达秋 . 关于俄罗斯文化的深层结构的几点思考 [J]. 四川外语学院学报，2000（02）：115-119.

[4]　朱达秋 . 俄罗斯精神内核及其特征 [J]. 四川外语学院学报，2002（3）：135-138.

[5]　Данилевский Н. Я. Россия и Европа. М.：Книта, 1991. c. 145.

[6]　http：//studa.net/lishi/060116/14092137-2.html.

[7]　弗兰克 . 俄罗斯知识人与精神偶像 [M]. 徐凤林译 . 上海：学林出版社，1999：15.

[8]　金雁 . 俄罗斯村社文化及其民族特性 [J]. 人文杂志，2006（04）：97-103.

[9]　吕富珣 . 苏俄前卫建筑 . 北京：中国建材工业出版社，1991：1，90，92，75，219，183，81，132，87，45，47，48，96-98.

[10]　杨雷 . 论俄罗斯民族文化的多元结构对民族性格的影响 [J]. 东疆学刊，2008（1）：56-59.

[11]　冯绍雷，相蓝欣主编 . 转型中的俄罗斯社会与文化 [M]. 上海：上海人民出版社，2005：1，438，326，268.

[12]　A. K. 罗切戈夫 . 贺词 [J]. 世界建筑，1999（01）：16.

[13]　莫斯科国立第四设计院作品集：207，310，305，329，294-301，184-187，242 ~ 245，261-263.

[14]　Robert, A. M. Stern. What the Classical can do for Modern. Dr. Andreas C Papadakis&Harriet Watson：New Classicism, London, Academy Group Ltd, 1990.

[15]　http：//blog.sina.com.cn/s/blog_489add1e0100e01f.html

[16]　博恰罗夫 . 苏联建筑艺术 [M]. 王正夫等译 . 哈尔滨：黑龙江科学技术出版社，1989：68，82，88，161，181，411，159.

[17] http：//tupian.hudong.com/a2_56_69_01300000201186122166697561677_jpg.html

[18] 巴特·高德霍恩，菲利浦·梅瑟著．俄罗斯新建筑 [M]．周艳娟译．沈阳：辽宁科学技术出版社，2006：22，14，184，198，206，207，209，219，237，225，227，228，230，214，215，185-187，75-77，96，97，87，122-125，201-203，199，151，171，172.

[19] 汪正章．"建筑创作学"的理论架构 [J]．建筑学报，2002（10）：18-21.

[20] Annual Publication by the Moscow Branch of the International Academy of Architecture Year 2004-2006：74，11，63，149，62，150，66，68，101，81，150.

[21] Annual Publication by the Moscow Branch of the International Academy of Architecture Year 2003：80，85，104，71-73.

[22] http：//www.e-architect.co.uk/images/jpgs/russia/new_holland_island_f051108_5.jpg

[23] http：//www.e-architect.co.uk/images/jpgs/russia/new_holland_island_f051108_2.jpg

[24] http：//www.e-architect.co.uk/images/jpgs/russia/new_holland_island_f051108_1.jpg

[25] 吴良镛．建筑学的未来 [M]．北京：清华大学出版社，1999：44.

[26] http：//www.abbs.com.cn/news/read.php?cate=3&recid=28835.

[27] 韩林飞，赵喜伦．俄罗斯木建筑博物馆 [J]．城乡建设，2006（6）：67-68.

[28] O.I.普鲁金著，21世纪的古建保护与修复 [J]．陈昌明译．世界建筑，1999（01）：37.

[29] http：//www.333cn.com/architecture/hyzx/108577_1.html

[30] 巴特·戈尔德霍恩，渡边腾道，莫里吉奥·米利吉著．外国建筑师眼中的莫斯科新建筑 [J]．翰泉编译．世界建筑，1999（01）：27-29.

[31] 韩林飞．90年代俄罗斯新建筑．世界建筑，1999（01）：20，21.

[32] XAN．小巴克罗夫斯卡娅街上的银行 [J]．世界建筑，1999（01）：50.

[33] 韩林飞．萨马拉剧院广场上的"飞翔"之屋 [J]．世界建筑．1999，（01）：38.

[34] http：//www.e-architect.co.uk/moscow/barvikha_villa.htm

[35] http：//www.abbs.com.cn/news/read.php?cate=3&recid=27041

[36] Harding, D. W. Reader and Author. Chatto and Windus，2002：89

[37] 曾坚，杨晓华．试论全球化与建筑文化发展的关系 [J]．建筑学报，1998（8）：30-32.

[38] http：//photo.zhulong.com/proj/photo_view.asp?id=32790&s=1

[39] http：//tupian.hudong.com/a0_85_76_01300000369368124229761364607_jpg.html

[40] http：//www.e-architect.co.uk/russia/ekaterinburg_tower.htm

[41] http：//www.e-architect.co.uk/russia/dance_palace_st_petersburg.htm

[42] 邹广文．当代中国大众文化论 [J]．沈阳：辽宁大学出版社，2002：56.

[43] http：//www.e-architect.co.uk/moscow/project_orange.htm

[44] S. Lash. Sociology of Postmodernism[M]. London：Routledge，1990：11-12.

第5章 技术视阈下建筑创作的创新发展

技术从生产力的基础出发，推动社会发展、文化变迁，技术发展在建筑领域则推动了建筑的不断发展，几千年建筑的发展史自始至终体现着技术与建筑不寻常的密切关系。1950 年，著名的建筑大师密斯·凡·德·罗在美国伊利诺伊州工学院设计学院成立大会上的演讲词"建筑与技术"中曾表明："技术扎根于过去，主宰着现在，伸向未来。……技术远不是一种方法，它本身就是一个世界。"[1] 随着人类社会进入 21 世纪，科学技术正在以我们难以想象的速度跳跃发展，技术在世界范围内成为时代发展的主旨，同时也成为促进建筑创作发展的凸显因素。

由此，从技术视阈对建筑创作进行思考和审视，是在当代俄罗斯在社会转型时期的新社会背景下对建筑创作体系的体认、研究和展望。麦克卢汉曾说："确认变化的征兆是不够的，一定要了解变化的原因。"因此，要想对俄罗斯转型时期建筑创作的变化走向有所把握，就必须对俄罗斯建筑技术的发展进行深入的分析，从而超越新技术冲击下的"集体性想象"带来的盲目乐观的臆测，客观性的对建筑创作的发展进行逻辑思辨。摆在俄罗斯建筑创作面前的是前所未有的历史机遇，在新的历史时期立足于技术的本质和技术发展的动因，从技术视阈深刻理解和把握建筑创作中的技术内涵，积极探索技术在建筑中的推动作用，才能超越形式本位的束缚，探索建筑创作的技术创新发展之路。

5.1 技术视阈的研究基点

5.1.1 建筑创作的技术维度

技术是人类在利用、控制和改造自然过程中，按照特定的目的，根据自然与社会规律所创造、由物质手段和知识、经验、技能等要素所构成的整体系统。技术从生产力的基础出发，推动政治变革、文化变迁，随着人类社会进入 21 世纪，技术在世界范围内成为时代发展的主旨，同时也成为主导建筑创作的凸显因素。技术维度从两个层面对建筑创作产生作用，一方面建筑技术体系的发展与进步直接作用于建筑创作，从表层推动和促进俄罗斯建筑创作的发展。另一方面，当代俄罗斯社会技术体系的发展是推动社会进步、经济进步的原动力，从而通过对社会文化的推动作用间接的作用于建筑创作，从深层制约和决定建筑创作的发展。由此，技术维度不仅贯穿了建筑创作到建造的全过程，而且渗透在社会发展的各个层面对建筑创作的发展产生重要影响。

现代科技的发展是没有民族性的，技术发展推动了全球化的进程，在俄罗斯转型时期开放的社会体制下，现代技术在世界范围内的传播也推动了俄罗斯建筑的长足发展。现代建筑技术的进步，使它本身以一种高度的精确性和严谨的理性而获得魅力，在理论上把建筑的技术和艺术统一起来，并把技术的手段性转化为目的性。在现代技术的支持下，俄罗斯转型时期的建筑创作可以表达整个人类巨大的创造性和认识世界的能力，从而表现出建筑创作的趋同本质。建筑创作的技术维度成为俄罗斯转型时期建筑创作发展的深层制约因素。俄罗斯转型时期建筑创作的"升级换代"，关键是提高技术含量，使建筑创作和技术性并进。毫无疑问，世界建筑文化的新格局以及走出俄罗斯当代建筑文化困境的出路，只能依赖于由科学技术进步决定的建筑创作的发展方向。

从建筑技术维度对建筑创作进行思考和审视，是在当代俄罗斯社会转型后的新文化模式中对建筑创作体系的体认、研究和展望。从技术维度分析当代俄罗斯建筑创作体系，探求建筑作品与建筑产品的矛盾整合、新旧建筑文化的冲突与对抗、创作主体与审美变迁问题，是对当代俄罗斯建筑创作体系认知的基本方法。面对俄罗斯转型时期建筑创作发展的纷繁复杂的表象，清晰建构其未来发展的主要脉络，辨识俄罗斯在转型时期建筑创作的发展趋势，才是应用技术维度研究建筑创作发展的实质。

5.1.1.1 建筑技术对建筑文化的促进

建筑技术是更加具体化的技术，它贯穿于建筑发展的始终，与建筑文化同生共进。建筑是物质的，而技术正是产生物质存在的手段，作为一种工程形态，建筑本身就是技术的存在。技术对于建筑的促进总是以相应的物质形式作用于建筑的物质层次，直接推动建筑工程学的发展。这种巨大的推动作用，在物化形态上，表现为结构、设备、材料及营建方式等。建筑文化的展现需要体现在建筑本体的空间形态上，而建筑的物质空间形态的存在技术就是技术骨架，建筑文化的实现和表现必然通过建筑技术手段来完成，因此建筑技术是建筑文化的支撑骨架。技术的进步是人类文明进步的表现，只有技术进步才能为建筑的发展提供新的施展空间和可能，由此，建筑文化的发展必然依赖建筑技术的进步，建筑技术是建筑文化发展的推动力。伴随着21世纪信息技术的深入，建筑技术必将成为主导建筑创作的主要因素之一，同建筑文化一起成为贯穿建筑创作的主线。

而在社会转型时期的俄罗斯，技术作为重要的支撑因素，对建筑创作的发展发挥了积极的推动作用。在全球化浪潮的推动下，技术发展突破地域的局限，西方先进的建筑技术随着建筑思潮一同冲击当代俄罗斯建筑创作的发展。在俄罗斯转型时期建创作发展中，从世界观到人本身及其需要，从建筑设计到建造过程，从建筑的空间、结构、功能到形式，已经全面被现代技术所渗透，建筑创作的发展呈现出技术推动的本质。

5.1.1.2 建筑技术对建筑创作的制约

先进的建筑技术是推动建筑创作发展的主因，建筑技术的落后则是阻碍建筑创作发展最大制约因素。在俄罗斯转型时期，建筑技术的发展与更新极大地促进了建筑创作的发展，但是与此同时，建筑整体技术水平的相对落后也对建筑创作的发展产生了制约作用。由于社会转型带来的各种影响，当代俄罗斯建筑技术的发展明显落后于欧美国家。俄罗斯建筑师从来都不缺乏创造性，但是他们无法对他们的想象方案提出足够现实的技术措施。因此，建筑技术整体水平的提高对于俄罗斯转型时期的建筑创作而言是支持性的前提。技术基础不够雄厚、施工技术水平有待提高、材料技术相对落后等现实条件，成为俄罗斯转型时期建筑创作发展所面临的主要困境。因此，改变建筑创作中的技术缺失是俄罗斯建筑创作在转型时期寻求发展的需求。

5.1.1.3 建筑技术对建筑发展的影响

现代科技不仅作为一种手段促进了建筑创作的趋同现象，其发展促使世界建筑的趋同现象在理论上而且在实践中得以实现，并且影响到人们建筑观念的变化。现代技术引发的趋同的浅层表现是建筑样式与风格的趋同，引发地方特性、民族传统的缺失。而其深层表现则是建筑创作手段、方式，甚至创作思维的趋同。趋同表现是时代发展的必然，就像所有的创作介质最终被计算机所取代，无论创作的建筑风格如何，其产生方式是同一的。"新的数字技术已经取代了许多种工作，并创造了新的工作，提供了信息享用、与他人联系的新方式，并给以电脑为媒介的公众领域带来了欢乐。新的媒体技术把前所未有的音像之流带进人们的家庭和全新的娱乐界，知识、政治重新确立了时空观念，消除了实在与人造物之间的僵硬区别，同时产生了新的经验模式和主体性。"[2] 前沿技术的发展不断地改变着人们的生活，推动社会的进步，同时也引领着建筑创作走向复杂化。技术手段的不断提高，使复杂的建筑从创作到实践成为可能，可以说建筑创作随着技术进步而逐渐走向复杂化的表现。环境技术、智能技术、生态技术等新兴技术在建筑创作上的应用，给建筑发展开辟了新的空间和可能。

5.1.2 技术思维的转换

5.1.2.1 节能意识的适应性

俄罗斯国土辽阔，资源丰富，能源资源得天独厚，天然气、煤炭、石油、铀的蕴藏量分别占世界 45%、23%、12%、14%[3]。正是由于石油、天然气等能源储量丰富，俄罗斯一直以来缺乏节能动力，对建设节能型经济没有给予足够重视，由此导致其低效能的经济发展模式。此外，由于气候恶劣等自然因素、能源价格被低估、节能意识淡薄、能源工业管理不善、市政基础设施严重滞后、工业生产布局与结构不合理等原因，俄罗斯单位 GDP 能耗是工业发达国家的 3 倍以上。在世界能源危机日益显现的今天，转型时期的俄罗斯在复苏经济的过程中，又遭遇了 2009 年的世界金融危机，在这样的背景下，如何提高经济能效，发展节能型经济成为转型时期俄罗斯经济发展所面临的重要问题。在高科技迅猛发展和资源日益减少的 21 世纪，像俄罗斯这样的工业科技大国再也不能走资源经济之路，而应逐步转向知识经济。由此，世界范围内兴起的节能意识在俄罗斯的社会现实中契合了俄罗斯转型时期的发展需要，从而在俄罗斯具有了前所未有的适应性。虽然丰富的能源资源成了俄罗斯落实节能政策和发展节能科技的最大阻力，但是这也恰恰表明俄罗斯节能潜力的巨大。据俄罗斯专家预测，无需增加能耗只通过经济结构调整，就可以实现俄罗斯近 50% 的经济增长量 [3]。

近年来，随着节能意识的不断加强，俄罗斯在节能方面取得了一定的成效。在过去几年，俄罗斯国内生产总值高速增长，但每年排放的温室气体量仅增加 1% 至 1.5%。目前该国温室气体排放总量仍低于 1990 年，而且单位国内生产总值能耗也在降低 [4]。2009 年 6 月 22 日，俄罗斯教科部召开了"科技发展预测和新能源技术路线图"会议，会议议题包括：俄罗斯能源技术发展预测；俄罗斯以及其他国家实施"新能源技术路线图"的经验；俄罗斯提高能源效率的技术方案和途径 [5]。2009 年 11 月 11 日俄罗斯国家杜马三读通过，2009 年 11 月 18 日俄罗斯联邦议会通过《俄罗斯联邦关于节约能源和提高能源利用效率法》。11 月 23 日俄罗斯总统梅德韦杰夫签署俄罗斯节能法命令，该法律旨在通过法律、经济和组织措施促进节约能源和提高能源利用效率。

建筑行业作为俄罗斯能源消耗大户，一直以来由于抵御恶劣气候而存在着巨大的能源、材料等的浪费。同时由于建筑技术的落后导致建筑材料和建造过程的能源浪费，例如：由于结构技术的保守，俄罗斯建筑通常存在着一定的结构浪费。此外在建筑使用中，用户节能意识淡薄，以供热供水为例，每位城镇居民用水量实际超过标准 0.5 ~ 1 倍，用热则超标 1 ~ 2 倍，每平方米供暖能耗是瑞典的 5 倍 [3]。由此，节能意识所引导的建筑节能发展成为转型时期的俄罗斯建筑发展的重要环节。总之，节能意识适应了当代俄罗斯社会发展的需要，在建筑领域则表现为对建筑节能法规的完善和节能意识的提高，俄罗斯正在探索走上节能发展的新道路。

5.1.2.2 可持续的发展理念

1987 年世界环境与发展委员会出版的《我们共同的未来》将可持续发展定义为：持续发展是既满足当代人的需要，又不对后代人满足其需要的能力构成危害的发展。1989 年第 15 届联合国环境署理事会通过的《关于可持续发展的声明》又对可持续发展做出严格定义。总的来说，可持续发展包含两大方面的内容：一是对传统发展方式的反思和否定；二是对规范的可持续发展模式的理性设计。其中发展是主题，持续发展是根本，整体、协调、综合发展是基本要求[8]。

当代俄罗斯在苏联解体之后，社会及经济发展陷入重重危机，但是在社会矛盾日趋严重的现实中为了避免沦为世界经济中固定的燃料及原料供应地，转型时期的俄罗斯萌发了可持续发展的趋向。随着世界范围内对可持续发展的倡导，可持续理念在转型时期俄罗斯表现出强烈的趋向性，并成为当代俄罗斯社会发展的主流。2002 年 9 月在南非约翰内斯堡举行的可持续发展世界首脑会议上，俄罗斯表达了对可持续发展的愿望：希望通过参加可持续发展世界首脑会议扩大国际合作，以协助俄保护其境内的自然生态财富。俄罗斯主张均衡地采取措施，推动经济、社会和环保领域内的可持续发展。近年来，俄罗斯经济发展充分利用本国自然资源、出口创汇、逐步恢复本国经济新秩序，但是如何根据俄罗斯的特殊国情探索适合本国的经济发展模式才是转型时期俄罗斯经济发展所面临的重要问题，在经济全球化的背景下，可持续的理念无疑成为俄罗斯强国富民的必然选择，并引导各领域技术的可持续发展。当代俄罗斯已经在水资源管理、森林资源保护、能源开采等领域积极采取相应的技术及管理措施，这表现了在资源及能源领域，可持续发展理念正在逐步走向实践。可持续发展的理念在建筑领域仍处于萌芽阶段，可持续建筑技术手段还比较欠缺，但是近年来建筑师已经开始关注建筑发展的可持续问题，并在建筑创作的技术思维层面认同这样的发展方向。在建筑领域中的这种可持续发展的趋向预示了俄罗斯转型时期建筑创作的技术思维已经从原来的依靠资源发展转换到可持续发展的方向。

5.1.2.3 生态思想的同源性

在生态环境日益恶化的今天，世界各国开始致力于保护自然环境、协调建筑与自然环境共生等方面的研究与探索，力求创造适宜于人类生存与行为发展的各种生态建筑，实现向自然索取与回报之间的平衡。随着信息化和全球化的发展，这些先进的生态建筑思想进入俄罗斯，恰好契合了俄罗斯文化一直以来对自然的崇尚与热爱。社会发展的生态思想同俄罗斯文化的自然性不言而喻的具有同源性本质，并在文学作品中表现得尤为明显，从普希金、托尔斯泰到库普林等大师笔下回归自然的诗性探索，从叶赛宁到普里什文等文人对自然的亲情关照，无不昭示着俄罗斯文化中强烈的生态追求。杨素梅在《俄罗斯生态文学论》中从生态学的角度历史地解读了较具代表性的俄罗斯古典文学、近代文学中关于"人与自然"的经典作品，评述了俄罗斯作家创作中的生态意识和生态思想。面对这个生态失衡、人性复杂的年代，俄罗斯生态文学为世人敲了警钟。而在转型时期的俄罗斯，信息全球化带来的建筑生态思想及其引导的生态技术手段正是由于同俄罗斯民族文化自然性的同源本质，而迅速同本土建筑文化相结合，从而获得公众认同，并引发俄罗斯建筑界对本土建筑问题的反思与研究，带动了当代俄罗斯建筑技术思维向生态化方向发展。

5.1.3　技术手段的拓展

"建筑依赖于自己的时代，它是时代内在结构的结晶，显示出时代的面貌。"[7] 当今世界正在发生前所未有的历史性变革，这种深刻的变革正是在技术不断创新发展的推动下进行的，在这个充满机遇和挑战的时代中，技术手段出现了前所未有的拓展可能。20 世纪 40 年代初计算机技术才刚刚问世，而现在它已经成为我们社会应用技术的中坚力量，控制着全球的经济命脉，掌握着全球的信息；生命科学的发展使复制生命体成为现实；哈勃望远镜传来了几百亿光年以外的世界的形象……技术无时无刻不在展示它统治现实、指引明天的超强力量。技术手段的不断拓展在建筑创作领域直接引发了适应时代发展的深刻变革。无论是数字技术的发展与应用还是其他前沿技术的渗透，基于时代的技术变革所带来的技术手段的拓展无疑在转型时期俄罗斯引发了建筑创作的创新发展。

5.1.3.1　数字技术的发展

如果说 1989 年冷战结束标志着意识形态之争的终结，全球经济的发展转而成为塑造世界新格局的主导因素，那么在过去十余年，计算机及媒体技术的发展，则更催生了整个西方社会结构根本性的变革[7]。未来学家阿尔文·托夫勒（Alvin Toffler）在第三次浪潮著作中就曾预言：电脑网络的建立与普及将彻底改变人类的生产及生活方式。谁掌握了信息、控制了网络，谁将拥有整个世界[8]。

以计算机的应用与普及为代表的信息技术革命，正从根本上改变着人们生产、生活和相互交往的方式，也深刻地影响着未来建筑的发展。而俄罗斯恰恰在转型时期见证了数字信息技术的巨大变革，因特网 1995 年首次在俄罗斯亮相，短短几年之内，其作用就另俄罗斯民众刮目相看了。考虑到与发达国家之间业已形成的"数字鸿沟"，俄罗斯政府在 2002 年 1 月批准"2002 年至 2010 年电子俄罗斯计划"，并于同年 4 月开始实施。"电子俄罗斯计划"涉及立法、行政、教育、商业和媒体。其中主要的措施包括：完善国家在信息技术领域内的立法和调控职能，促进信息技术的推广，创造条件消除信息技术领域内的垄断现象；增加官方网站的信息量和服务种类，运用电子文件完善各级国家机关的工作，使公民能够获取立法、预算等各方面信息，实现行政信息化和公开化；努力培养信息技术专家，让国民学会运用信息技术，增加公共上网场所，降低上网费用，使所有公民和单位都有条件使用因特网，推动信息技术教育等[9]。

尽管信息化社会建设在俄罗斯还处于起步阶段，但进展速度可观，因特网对社会生活渗透的力度日益加大。这足以让我们预见，数字信息技术革命的浪潮对社会生活的影响比工业革命更为迅猛与深远。数字信息技术在变革社会生活的同时，也从根本上拓展了建筑创作。这种数字化的影响在当代俄罗斯建筑创作领域才刚刚起步，是近年来建筑创作开启的一个新的方向，但是就世界范围来看，计算机的变革已经无需争辩，其对人们的影响和改变是根本性的，当人们逐渐习惯这种改变，以数字的方式思考问题和解决问题时，也必然以数字的方式创造新的环境以适应这种改变，因此数字技术带给建筑创作的也必然是根本性的变革。计算机所代表的数字化过程，对建筑风格的演进、建筑形式的变化、建筑建造方式和建筑创作方法与过程的影响，甚至对建筑思考方向的冲击，电脑数字化过程融入建筑创作思考过程，数字化技术将建筑创作引向一个无限创新的发展方向。

5.1.3.2 前沿技术的研究

苏联解体前一直具有高水平的科研能力和较高的科技生产能力。据统计，1961—1985 年期间苏联对整个科学事业的拨款占国内生产总值的比例从 1.2% 增长到 3.76%，该速度超过了德国、日本和美国；苏联对科学的投入，是整个欧洲的总和，是日本的 1.5 倍，仅仅落后于美国[10]。但随着苏联解体，其科技实力同整个国力和经济实力一样严重衰退，科技事业举步维艰，面临经费匮乏、机构萎缩等一系列困难，政局动荡和经济下滑给科学事业带来的危害显而易见。对科技事业的投入逐年减少，对科技的拨款比重低于发达国家，甚至低于一些发展中国家。科技经费的严重不足不仅导致科技水平的下降，而且导致高科技人才大量外流。由此，俄罗斯在最新一代技术研发上趋于落后，这降低了俄罗斯经济的全球竞争力，并使俄罗斯被世界经济的发展边缘化。除个别领域以外，俄罗斯在国际高科技产品市场上严重缺乏竞争力。直至 90 年代后期，普京任总统以来，俄罗斯政府和社会对发展科技的重要性有了日趋统一的认识，认为必须依靠科技振兴经济，重新把科技摆到俄罗斯复兴和重振大国地位的重要位置上，提出要保存科技实力、稳定科技事业局势、进一步发展高新技术的重要任务，对高新技术及其普及运用的重视也是显而易见的。

由此，俄罗斯不断扩大国际科技合作，吸引外资，建立合作研发机构，并不断拓展前沿技术的研究范围。前沿技术的全球化传播，就像计算机一样不受国界的阻挡。尤其在最近俄罗斯政治趋于稳定，经济复苏的最近 10 年里，多学科的交融发展不断突破传统技术极限，带来新的思维方式和新的美学思考。建筑发展永远离不开技术条件的支撑作用，当代新材料、新结构、新设备、新设计方法、新施工方法等伴随着国际项目不断进入俄罗斯，为建筑创作提供了无限的可能性，多种多样的建筑表现形式层出不穷，使人耳目一新，尤其是具有时代特色的技术美学得到了发挥。为满足建筑中的各种全新技术需求，创造性地运用前沿技术并积极地与其他技术领域中的前沿技术结合，探索其在建筑中的运用，以解决建筑本体中的矛盾与问题。我们可以从新的高层建筑、仿生建筑等类型中看到这些新的前沿科学技术所创造的奇迹，更可以看到在转型时期的俄罗斯，新的技术美学观正在成长，并在高新技术的支撑下不断得到新的发展。总之，转型时期的俄罗斯，随着对科学技术的重新重视，技术研究与发展不断提升，前沿技术的发展不仅改变着人们的生活，推动了社会的进步，同时前沿技术在建筑创作及建筑建造过程中的应用无疑拓展了建筑创作的发展。不仅解决了复杂形态带来的技术困难，还带来的在空间形式上和建造方式上的突破。

5.1.4　技术系统的综合

建筑是由不同的子系统构成的一个有机的系统整体，各子系统之间存在相互作用的有序结构，每个子系统又是由各个要素构成的复合体，正是由于各构成要素的相互促进，最终实现建筑系统整体的不断发展。而随着转型时期俄罗斯社会发展、时代变迁，建筑的发展产生了巨大的变化，同时城市发展又无疑推进了建筑系统的综合与复合。建筑系统不断衍生出新的研究领域，建筑类型不断增加、功能不断复合，建筑从单体向群体发展，同城市的界限逐渐趋于模糊，从而使建筑作为一个有机系统越来越复杂，越来越趋向复合化的发展趋向。

技术作为推动建筑发展的主因，作用于建筑系统的各个环节，由于技术水平的不断提高，技术以一种更为综合的状态影响建筑创作，推动整个建筑系统的发展。而随着转型时期俄罗斯社会发展、时代变迁，建筑的发展产生了巨大的变化，同时城市发展又无疑推进了建筑系统本身的复合化发展。转型时期的俄罗斯建筑技术分化为不同的技术维度作用于不同的建筑子系统，通过分析不难发现，随着建筑本体的复合化趋向各技术维度的发展同样趋于复合。从功能层面来看，在城市发展的时代需求下，技术发展无疑推进了建筑功能维度走向集成发展。从形态层面来看，在转型时期社会审美诉求多样化的时代，技术支撑无疑又成为建筑形态维度复杂化发展的主因。从建筑本体系统层面看，建筑在新时代不断细化与扩展越来越趋于复杂化，将复杂化的建筑系统智能化运转成为转型时期俄罗斯建筑创作最新的发展趋向。基于系统观角度的研究，技术维度的复合发展为转型时期俄罗斯的建筑创作带来了不同层面的创新发展。

5.1.4.1　功能集成

在社会转型的后半阶段，俄罗斯经济发展进入持续增长时期，不断发展的金融业、商业、旅游业等各种业态模式促使城市的经济活动日渐活跃。高度集中、投机性强的金融资本进入俄罗斯主要城市，在城市的剩余空间寻找发展的机会，加剧了大都市的密集和扩张。转型时期俄罗斯的资本运作模式引发了当代俄罗斯的城市复兴，这无疑催生了具有高度复杂性的建筑新类型的出现。这些新类型的建筑多为集合了多种功能的城市化建筑，如大型商业娱乐中心、大型旅馆会议中心。这些新类型远远超出了社会主义时期建筑的功能分类,它要求更新的形式和空间处理。同时,社会生活的多样化需求也对建筑发展有迫切的复合化需求,进一步促进了建筑功能的复合化构成。与此同时,建筑技术水平的提高、国际先进技术的引入无疑契合了转型时期俄罗斯建筑复合发展的需求,支撑建筑功能从单一模式走向复合模式的发展。

从功能维度来看,这种集成发展突出体现在转型时期俄罗斯的主要城市,这种模式在有限的城市用地上高度集中各种城市机能,有效疏解主要城市压力带动城市区域的发展,极大提高人们生活和工作的效率。同时,由于功能集成更加能动的发挥了建筑的职能和功效,因而更加具有综合的经济效益,对社会生活和城市环境具有强大聚合力。由此,功能维度的集成发展是顺应俄罗斯现阶段的城市发展需求的建筑发展模式,具有广阔的发展前景。

5.1.4.2 形态复杂

随着社会体制的变迁,俄罗斯社会在经济发展的带动下,社会生活呈现日趋多样化的发展,社会生活的多样化发展必然带来社会审美的多样化。社会主义时期单调的装配式建筑和简约的现代主义风格在新的社会背景下已经无法满足社会审美的要求。在这样的社会背景下,新时期的俄罗斯出现了一批造型新奇的新建筑,这些建筑给人以新鲜的视觉感受,从而为当代俄罗斯建筑创作在形态维度上开启了复杂化发展的序幕。同时,全球化的信息传播为当代俄罗斯建筑带来了国际先进的建筑创作理念和作品,为俄罗斯建筑创作开阔了发展的平台。建筑创作具有更加灵活的创作空间,这无疑进一步推动了转型时期的俄罗斯建筑创作在建筑形态层面的复杂化变化。同社会主义时期的建筑创作相比,转型时期的建筑创作在建筑形态的发展上呈现出日趋多样化的发展趋向,这极大地推动了适应时代发展的当代俄罗斯建筑创作。

从系统观的角度来看,形态维度的复杂衍生并不是孤立发展的,在建筑这个有机的系统整体中,建筑形态的发展趋向无疑是伴随着建筑本体发展演变而产生的。正是由于转型时期俄罗斯建筑本体的发展融入了诸多学科的研究和各种理论的影响,从而具有了更多的挑战和不定性,当然也就蕴含了更多的复杂变化。与此同时,建筑功能复合化的出现,单体建筑规模的日益扩张,群体建筑的错落起伏,使建筑在形态表达上拥有了更广阔的创造空间,为建筑形态的复杂化奠定了基础。总之从本质上说,正是由于建筑本体发展的复杂性转化为了有意义的形式美学深度,才在建筑形态层面清晰的衍生出复杂化的特征。

5.1.4.3 系统智能

当前世界正在经历一场革命性的变化,信息技术革命正在以前所未有的方式对社会变革的方向起着决定作用,其结果必定导致信息化社会在全球的实现。在信息化时代中,信息与知识成为社会的主要财富,信息与知识流成为社会发展的主要动力。埃尔文·托夫勒在 1980 年出版《第三次浪潮》中将历史划分为三个阶段：农业阶段、工业阶段和信息阶段 [11]。按照托夫勒的观点，信息技术革命大约从 20 世纪 50 年代中期开始，其代表性象征为"计算机"，主要以信息技术为主体，重点是创造和开发知识。随着农业时代和工业时代的衰落，人类社会正在向信息时代过渡，跨进第三次浪潮文明，其社会形态是由工业社会发展到信息社会。信息社会同工业社会最主要的区别在于，社会不再以体能和机械能为主，而是以智能为主，由此，智能化成为信息社会最重要的特点。

社会体制转型后的俄罗斯随着经济体制改革不可避免地卷入经济国际化的发展浪潮，其在转型时期的发展无疑同样受到信息技术革命的影响，在国家发展的各个层面逐渐显现出信息化的发展痕迹。在这样的时代背景下，人们对于现代建筑的概念也在发生变化，传统建筑提供的服务已远远不能满足现代社会和工作环境等方面的要求。与社会发展特点相适应的智能化理念被应用于建筑领域，由此，在社会需求和技术进步的共同作用下，建筑系统的发展显现出智能化的趋向。这种智能化的发展充分体现了多种专业、多个学科的结合，是现代通信技术、计算机技术、自动化控制技术、图形显示技术、大规模集成技术等先进技术应用于建筑系统并协同作用的直接成果。因此可以说，建筑系统的智能化是在当代社会多学科相互交叉融合所构成的崭新的整合力推动下产生的，是转型时期俄罗斯社会信息化和经济国际化的必然产物。这种智能化发展以投资合理、安全舒适、节能高效、灵活便利等诸多优势特点，更加适合信息社会的发展需要，成为当代俄罗斯建筑创作发展的重要趋向。同时，由于俄罗斯是自然环境与人们自身的舒适度范畴存在较大的差异的地区，建筑系统的智能化发展无疑在自然环境相对恶劣的俄罗斯成为实现建筑系统高效性的有效手段，同时也成为建筑创作不断追求的创新目标。

5.2　技术发展观下的建筑创新

发展观是一定时期经济与社会发展的需求在思想观念层面的聚焦和反映，是一个国家在发展进程中对发展及怎样发展的总的和系统的看法 [12]。技术发展观则是关于技术的本质和发展规律的观点，它分析技术的本质、属性与体系结构，同时探讨技术发展的一般规律，它是伴随着时代演变进程而不断完善的。从技术发展观的角度分析建筑创作的发展，能够从思维层面深刻的反映技术发展作用于建筑创作体系的机制与途径，并深入分析技术发展在建筑创作层面所引发的影响与变化。

在生态环境的恶化和全球性能源危机日渐凸显的今天，可持续发展的理念成为全球建筑师关注的焦点。许多建筑师在保护地域环境、延续传统文化、协调自然环境共生等方面做出了许多研究与探索，力求创造适宜于人类生存与行为发展的各种生态建筑，实现向自然索取与回报之间的平衡。随着信息化和全球化的发展，可持续的先进建筑理念和技术思想不断进入俄罗斯，并引领了俄罗斯建筑创作的发展。

俄罗斯建筑曾高举"反浪费"的旗帜，但是这种积极的节约思想却在实践过程中被过分夸大，导致建筑质量的简陋和建筑形式的单调。由于无法提供舒适的使用，这批建筑成为当代俄罗斯最不受欢迎的建筑，从而带来更大的浪费，同时预制法的成功却束缚了俄罗斯建筑技术的进步。20 世纪 90 年代社会解体的动荡，更加影响了俄罗斯建筑技术的发展。许多国际建筑师具有可持续思想的创作在俄罗斯现有的技术体系下显得有些难以实现，这反映了当代俄罗斯建筑技术的欠缺以及对技术运用与技术表现的不足。但是社会转型所引发的一系列变化却为俄罗斯打开了市场经济的大门，开放的经济环境在最近的十余年带来了俄罗斯经济的持续增长，同时也促进了俄罗斯在各领域的国际交流与合作。外来的先进技术思想不断引发俄罗斯建筑界对本土建筑问题的反思与研究，并带动当代俄罗斯建筑技术思维向可持续方向转换。笔者在俄罗斯圣彼得堡考察时，曾采访该市建筑学院的尤里教授，在谈到俄罗斯建筑未来发展时，他谈到，尽管俄罗斯建筑在生态、节能等建筑技术手段方面还比较欠缺，但是近年来建筑师已经开始关注建筑发展的可持续问题，并在建筑创作的技术思维层面认同这样的发展方向。虽然在俄罗斯转型时期的建筑创作中真正的可持续的建筑作品为数不多，但是许多作品在不同程度上已经显露出可持续的特征，表现了在创作中对建筑可持续发展倾向的探索。尤其值得注意的是，这些建筑实例或创作方案所反映出的可持续创作的萌芽，预示了俄罗斯建筑创作技术思维已经从原来的依靠资源发展转换到可持续发展的方向，甚至在个别技术领域的研究逐渐进入领先位置。

俄罗斯转型时期在探寻建筑创作的可持续发展之路的过程中，所选择的技术手段不尽相同，总结其建筑作品的发展方向可分为以下三种主要的趋势：（1）以节约能源为核心，与政府相应的政策、法规相结合的建筑探索；（2）以可持续发展为目标，尊重建筑传统或地域文化，探索具有地区适应性的可持续建筑设计；（3）以保护自然生态为前提，运用各种技术手段以实现高效适用的生态绿色建筑实践。

5.2.1 节约能源的规范意识与实践

根据国际能源署数据，2003 年俄罗斯 GDP 单位能耗是丹麦、日本、瑞士、挪威、英国的 16 倍以上 [3]。因此，俄罗斯科学界的有识之士提出，在高科技迅猛发展和资源日益减少的 21 世纪，像俄罗斯这样的工业科技大国再也不能走资源经济之路，俄罗斯政府和经济界也意识到节能对其经济和社会发展的重要意义。如何全面提高能源效率，尽量减少对日渐枯竭的传统一次性"矿物化石"能源依赖性已成为当务之急。

5.2.1.1 节能法规的完善

为有效地利用能源，创造良好的环境，俄罗斯联邦政府出台了一系列的节能法规、节能措施及节能计划。1998 年出台《关于在俄罗斯境内鼓励节能的补充措施》，该措施要求各部门制订节能计划，并责成教育部开展节能教育和宣传计划[3]。2003 年修订了原 1996 年颁布的《俄罗斯联邦节能法》，目前正在拟定新的节能法，其草案包括完善节能激励机制、强化能耗标准、建立节能基金等内容。2003 年出台《至 2020 年的俄罗斯能源发展战略》，核心内容是鼓励节能，应用节能技术和设备，减少能源损耗。为促进俄罗斯经济走节能发展的道路、降低能源产业成本和对环境的不良影响，1998 年出台了《1998—2005 年俄罗斯节能》专项计划，2001 年通过了《2002—2010 年高能效经济》联邦专项计划，2006 年公布了最新的《2007—2010—2015 年高能效经济》联邦专项计划草案。这些法律、措施及计划的颁布从政府层面表现出当代俄罗斯对节能的全方位重视。

建筑是能源与资源的消耗大户，同时也是环境破坏大户，据统计，在全世界范围内，建筑的建造和使用过程占用 40% 的能源与材料，并且对 30% 的导致全球变暖的二氧化碳排放和 40% 的导致酸雨的二氧化硫负责。因此在能源与资源的利用和保有出现矛盾时，建筑能耗问题成为首要需解决的问题之一。

在 20 世纪 80 ～ 90 年代俄罗斯的建筑能耗相当大，建筑外围护保温效果不显著，建筑能耗占热能量的 34%，而西方发达国家约占 24%。热水管道保温不好，使热水温度降低 10 ～ 16℃，造成大量能源损失和能源危机[13]。为此，俄罗斯政府首先从规范法规中入手，1995 年国家制定了建筑外墙保温新标准，在 2000 年开始逐步减少建筑能耗，国家要求住宅建筑外围护结构的导热系数提高 2.3 倍。要求减少能源 1/3 以上，根据各地区的气候特点，制定了气候区划图以及相应的建筑物采暖能耗标准，要求在能耗达标的同时，还必须符合卫生标准，强调设计标准的制定和执行，要求设计时应考虑外墙结构的现代化、新的建筑体系和各种新材料外，还要注意外窗玻璃的能耗损失。对建筑节能实行全方位的达标要求。国家相关部门和技术协会出台了一系列技术措施，如对建筑外墙分单层、双层、三层分别根据保温要求，制定了合理的厚度。同时，为了避免热量流失，在梁、柱、内墙之间，填塞聚苯乙烯保温板，进行隔断冷桥。

1996 年俄联邦政府制定了建筑保温节能政策，政策包括了建筑维护结构、建筑设备系统及其运行管理的节能措施和技术标准[13]。在围护结构方面，从 1979—2000 年，建筑外墙的热阻从 $1.0m^2 \cdot ℃ /w$ 提高到 $3.0m^2 \cdot ℃ /w$，门窗的能耗也从 40% 降低为 20%，建筑物的总能耗减少了 40%[13]。在建筑设备系统和运行管理方面，规定了一个统一的建筑采暖标准能耗，要求所有建筑的热水系统必须经过计算，编写能源使用方案证书，设计图纸必须经过政府规定的部门进行节能审查，合格后方可投建[13]。鼓励采用太阳能、地热能等新能源，采用分区供暖等新技术。在运行管理方面，要求采用计算机控制和管理技术如室温可控、分户计量技术，让用户可以根据需要调控热量，并按实际使用的热量由用户自己直接交费，提高系统的运行效率 [13]。

5.2.1.2 零能耗建筑的研究实践

结合节能法规与规范，俄罗斯针对建筑能耗问题提出的"零能耗建筑策略"，策略的核心特点除了强调被动式节能设计外，将建筑能源需求转向太阳能、风能、浅层地热能、生物质能等可再生能源，为人们的建筑行为，为人、建筑与环境和谐共生寻找到最佳的解决方案。

作为"零能耗建筑"的研究成果，俄罗斯"生态屋"的实践已经进入国际领先水平，并由单个示范项目开始成为国家的导向性行动。"生态屋"是一种高效而和谐的利用生态资源的系统，它由"零能耗房屋"和屋旁地构成，按照国际社会生态联盟开发的技术建造 [14]。屋旁地用于采用高效生物方法和新式耕作法种植农作物和对所有液体、固体的有机废物进行生物加工利用，包括沼气发生器等。采用这些方法可以比在纯天然条件下更快地培育屋旁地的生态资源。"生态屋"主要靠太阳能集热器供暖，不足部分以燃用可再生载能体（秸秆、木材、沼气等）的发热机补充。但"生态屋"一般也都备有烧煤、柴油或天然气的供热设备，以防不测，只是其能耗要比普通房屋采暖少得多，为其几分之一。据报道，即使在西伯利亚这样的寒冷地区，"生态屋"在 2 至 5 月和 9 至 10 月也能仅靠太阳能就满足供暖 [14]。俄罗斯"生态屋"另一个重要特点，是强调建房采用当地的建材（但必须是生态建材）。可称作生态建材的不仅是对人无害的建材，还应该是生产中对环境无害、房屋使用期结束后可就地以自然方式无害化处理的建材，如加气泡沫混凝土、泥砖、压制秸秆构件、木材（在林区）等。用作墙体保温材料的主要是秸秆、芦苇、亚麻秆等。此外，"生态屋"的有机废物全部要用生物技术自行资源化处理，使之变成肥料。污水也要经天然过滤系统处理而可以用于浇地等复用。建造优良的木结构"生态屋"式庄园房，实际造价为 100 ~ 150 美元 / 平方米。建"生态屋"在选址地形上也有讲究——其北面要能防寒，南面和东面要开阔无遮蔽，此外住房本身和花圃、菜园、果园等布局要合理，要考虑到其配置角度、风向、周围植被、土壤分布等情况。

简单地说，"生态屋"是一种基本上靠太阳能转换、房屋内部人体热源及房屋保温性能来供暖、供热水以至照明，把人主动"外加"的供热能耗即用常规供热锅炉或常规电力网采暖和供热水的能耗降到零或近于零的房屋。据俄罗斯 itogi 网站报道，"生态屋"将于 2010 至 2020 年推广到全俄罗斯各地 [15]。

在政府节能法规的带动下，俄罗斯转型时期的建筑创作首先在规范意识上表现出对节能的关注，进而推动建筑节能技术的研究与进步，并逐步应用于建筑实践，从而在建筑创作中表现出节能发展的趋向。

5.2.2 可持续的创作理念

早在 1987 年，联合国与发展委员会在《我们共同的未来》中阐述了可持续发展的理念，即 "既满足当代人需要，又不对后代人满足其需要的能力构成危害的发展。" 这既是对全世界提出的要求，也是全世界共同的需要。正因为如此，在环境日益恶化、污染日见扩散的今天，可持续发展的理念成为全球各行各业关注的焦点问题。将可持续发展思想应用于建筑意味着对地域环境、生态及历史文化的尊重，使之得到延续、更新与发展。建筑创作不是原来解决短缺和满足需求的一种活动，而是去探索一种状态，在那种状态下人类和自然在可持续发展的和谐模式中共同繁荣。正因为如此，许多建筑师在保护地域环境、延续传统文化、协调自然环境共生等方面做出了许多努力，力求建筑创作更大程度的具有地区适应性，实现向自然索取与回报之间的平衡。随之产生的 "可持续建筑" 则强调建筑不应该过渡耗费自然资源，应适度地占有自然资源（尤其是不可再生资源），同时重视建筑的回收和再利用 [16]。

由于材料和科技水平的限制，俄罗斯对可持续建筑创作的探索一时还难以达到西方发达国家的技术水平，但是，在可持续理念的渗透下，追求建筑的更新发展、关注建筑的地域或传统价值的回归、协调建筑与环境的共生已经成为俄罗斯转型时期建筑创作的发展动向，尤其在对旧有建筑的再利用方面取得了一定的成就。

创作实例：莫斯科国家当代艺术中心

位于莫斯科市中心的莫斯科国家当代艺术中心（图 5-1）就是在可持续的创作理念指导下对工业建筑 "回收与再利用" 的优秀实例。其设计策略是将旧有的工业建筑实体保存下来，通过适当地调整建筑形态和空间尺度进行功能置换，为传统的工业建筑注入新的艺术氛围，从而在延续历史文脉的同时赋予传统的工业建筑以新的使用功能。

这座建筑原本是为市中心剧院服务的一个工作间，现在被改造成为当代艺术中心，设有展览区、研究区以及馆长和博物馆员工的办公室。旧有工厂的二层被改造为艺术中心的开放式展览大厅，由于功能置换的需要，要在保持建筑原貌的前提下移走建筑二层所有受损的柱子。为了解决这个问题，建筑师在建筑外部设计了一个金属框架固定在建筑正面作为支撑结构，利用固定在屋顶上的纤细支杆和悬拉体系将建筑三层在没有支撑结构的状态下悬浮起来。建筑外部的金属框架起到固定作用的同时肩负装饰功能，在赋予砖墙现代感的同时体现了对旧的工业建筑的继承。这座建筑的改造过程没有附加任何纯粹的、非功能的装饰，但是却呈现出丰富的视觉效果。金属框架和台阶在使用现代材料的同时仍然保持了工业建筑的古典主义原则；墙面和基座上艳丽的红色所表现出的后工业审美；柔和的曲线形屋顶连同屋顶上精致的金属悬拉杆件一起创造出的动感效果，这一切都诠释着旧工业建筑的新生，在历史与现代、艺术与技术的对比与交融中显示出巨大的文化张力。

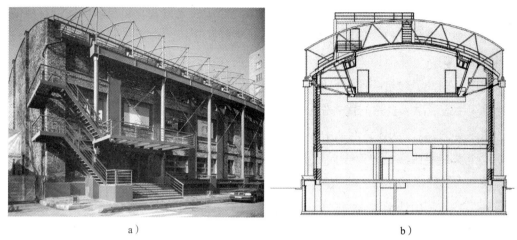

a）　　　　　　　　　　　　　　　　　　　　　　　b）

图 5-1　莫斯科国家当代艺术中心 [17]

a）建筑外观　b）建筑剖面图

这个改造项目为旧有工业建筑探索出一条"回收 + 再生"的可持续途径，通过适当的调整建筑形态和空间尺度进行功能置换，巧妙地利用了工业建筑的形象特征和空间组织来塑造独特的艺术气质，使废弃的工业化遗产转化为有艺术价值的文化建筑。在延续历史文脉的同时，最大限度地利用建筑资源，并赋予旧有建筑可持续的"新生"，由此带动了周边环境的更新，复兴该区域的文化活力。

5.2.3　绿色生态的创作尝试

能源危机和环境危机，使人类认识到必须有效地利用资源和能源，满足技术的有效性和生态的持续性，建造具有生态环境意识的建筑。随着全球环境保护运动的日益扩大和深入，维护生态环境、探索生态自平衡体系成为建筑领域研究的目标。生态环控技术、生物技术、高技术生态材料等在建筑领域中的运用备受重视，与生态建筑相关的技术探索活动正在试图为建筑的未来发展展现新的前景。生态建筑学正是基于人与自然能够协调发展的前提，运用生态学原则和方法处理好人、建筑和自然三者之间的关系，寻求创造和谐的生态建筑环境的方法，通过这些方法，它既要为人类的生活和工作创造出适宜的空间小环境，同时又要保护好大环境，即自然环境。由此，生态建筑更加明晰了其创作取向，以人、建筑、自然和社会谐调发展为目标，综合运用生态学、建筑学以及现代高新技术，合理安排和组织建筑与其他领域相关因素之间的关系，与自然环境形成一个有机的整体，利用并有节制地改造自然，顺应并保护自然生态的平衡与和谐，寻求创造适宜于人类生存与行为发展的各种生态建筑环境的有效途径与设计方法。

5.2.3.1　低技生态的创作实践

由于俄罗斯民族对自然的偏爱，俄罗斯建筑师一直以来以最大限度地保护自然环境为创作原则，从这个层面来讲，俄罗斯是绿色建筑的先行者，建筑师以保护自然的生态建筑观为指导思想，运用简单易行的或地方性的手段，使建筑与周边的自然环境取得最优的关系，从而体验对自然环境的尊重与保护。虽然近年来市场经济的冲击在一定程度上削减了建筑师保护自然的创作意识，但是，在俄罗斯转型时期建筑创作中不乏重视生态、融入自然的优秀作品。

创作实例：昆采沃体育网球中心

位于莫斯科西部鲁布廖夫大道上的昆采沃体育网球中心（图5-2）是一个因地就势、融入自然的优秀作品。建筑的位置介于城市和乡村之间临时森林外面的缓坡地区，建筑师巧妙地利用地形将13000平方米的网球中心隐藏在绿色的缓坡之中。屋顶上带有网球场的横向侧翼在保护环境方面扮演了重要的角色，缓慢升起的坡度和开放的不对称的地面层弱化了建筑物与周围环境的边界。同时，建筑师采用了带有植被的屋顶、青绿色金属侧面、砖墙基座以及凹陷在绿坡下的入口广场，以使建筑更好地融入周围的自然环境。为了最大限度地减小建筑的体积感以适应周围环境，建筑师将游泳池、壁球馆、有氧健身房、舞蹈房、美容沙龙等附属用房大部分设置在斜坡内，通过椭圆形的入口下沉广场进入。在屋顶植被中设计了3个玻璃天窗用来为坡下各功能用房引入自然光线照明。同时，将可以容纳100个车位的停车场也设置在地下，只在地面为银行、餐厅、贵宾区的停车预留少量的场地。整个建筑用最简单的创作手法体现了对自然的尊重和对环境的利用，成为这一地区非常受欢迎的有机建筑，是俄罗斯转型时期生态绿色建筑风格中值得骄傲的作品。

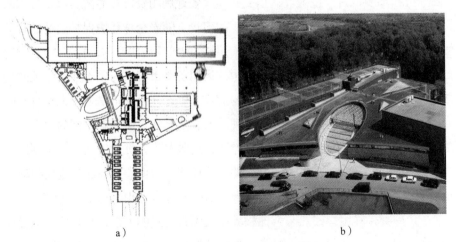

a)　　　　　　　　　　　　　　　　b)

图5-2　昆采沃体育网球中心 [17]

a）建筑平面图　b）建筑鸟瞰

5.2.3.2 高技生态的创作表现

生态建筑的另一种创作实践是以高技术为核心，在建筑中运用各种高技术手段最大程度地减少对生态环境的负面影响，创造生态自平衡的建筑体系。比如：采用标准化设计和数控的调节装置，构造出具有被动式通风、遮阳等功能的可调节多层幕墙系统，以改善能耗和眩光状况；根据太阳照射角度与风向设置不同深度的凹入空间和空中开敞庭院等等，这些技术不仅改善了建筑的生态环境，对节能做出了巨大的贡献，同时也为建筑创作的形式本身提供了更多的选择。

转型时期的俄罗斯虽然仍是目前世界上资源最丰富的国家之一，但是近年来世界能源危机也使得俄罗斯逐渐意识到资源使用过度带来的严重后果。随着世界生态建筑的不断发展与传播，高技生态建筑成为转型时期俄罗斯建筑创作发展的新趋向，并越来越受到重视。这是世界不可再生资源日渐短缺的客观形势所决定的，也是高科技突飞猛进的发展、竞争日趋激烈的必然结果。但是从高技层面上看，转型时期的俄罗斯生态建筑实践则显得落后，由于建筑技术水平的制约，建筑师对先进的生态技术处于学习和借鉴的阶段，甚至可以说俄罗斯转型时期真正高技术的生态建筑的创作几乎都出自外国建筑师之手，大多数创作尚处于在建或待建的状态。

图 5-3 莫斯科"水晶岛"项目设计方案[18]

创作实例：莫斯科"水晶岛"

福斯特在"水晶岛"项目（图 5-3）设计中确立了生态环保的理念，建筑利用太阳能板以及风力发电机等绿色能源，安装有节能和对环境有利的能量监控系统，使巨大的建筑成为一个自给自足的"城市"。在"水晶岛"项目中，建筑师在距地面大约300 米高处兴建了一个面积 1 万多平方米的"空中平台"，同时在建筑中形成了世界上最大的中庭之一，这个中庭将在夏季开放，可实现楼内公共部分通风降温，调节大楼内 300 米高处公共空间的温度。建筑师还采用了建筑物顶部安装的太阳能阵以及风力涡轮机连同中庭一起在莫斯科酷暑、严寒的气候里调节内部空气温度。尤其在莫斯科寒冷的冬季，当室外温度低达零下 30℃时，建筑内部仍然温暖如春。"水晶岛"另一个突出的特点是，将"环保"当作重中之重。设计团队一名发言人表示："楼内废弃资源的再利用以及废气的再生都将是考虑的重点。"同时，"水晶岛"底部被大型花园和公园环绕，冬季时也可供居民进行越野滑雪和溜冰。

这类作品的出现不可否认为俄罗斯转型时期的建筑界带来了许多崭新的观念。但这类生态绿色建筑的局限性是建筑造价过高，对技术、施工的要求也高。在俄罗斯现有的技术水平下，这类高技术的生态建筑还不具有推广性，只能成为政府或大公司炫耀实力的纪念碑。

5.3　技术时代观下的建筑创新

从社会认识的表层上看，"时代"是人们对一定的重大社会历史事件及其所引起的一系列社会关系变动的度的范围的一种称谓，但从社会认识的深层上看，"时代"是人们认识社会发展的时空坐标系 [19]。具有特定的空间规定性和一定性质的社会历史发展过程即"时代"会呈现出多种特征，人们可以从社会发展的不同层面来把握"时代的特征"。近年来，随着技术飞速发展，学术界开始用时代发展的技术特征来描述定义当今的时代，比如："网络时代"、"数字化时代"、"虚拟时代"、"知识经济时代"等，以突出技术对时代特征的决定性作用。

当代人类社会生活的各个方面都受到了科学技术的深刻影响。要从静态上把握人类社会在当今时代中的最根本、最深层的社会层面与其他社会层面间的内在逻辑联系，揭示人类社会当前发展阶段的时代性质，全面把握时代的性质和特征间的关系，理清时代发展的总脉络，就有必要从技术视阈入手，以与时俱进的时代观为基点分析时代的变化与发展的必然性和复杂性。建筑发展自始至终表现出与时代发展的一种密切的相关性。我们所处的时代，是一个充满机遇和挑战的时代，在科学技术的推动下正在发生前所未有的历史性变革。因此，从技术时代观的角度研究建筑创作的发展，就是在肯定社会发展的技术特征的前提下，研究当代技术发展给建筑创作带来的创新性变革。可以说，建筑是人类时代信息的传递者和表达者，每个时代都应有自己的建筑。诺曼·福斯特曾对建筑的时代性进行了准确的论述："无论何时，建筑都是社会价值和社会技术发展变化的反映"。[20]

对于转型时期的俄罗斯建筑创作而言，在经济复兴、社会发展的关键时期，关注时代的变化性特征，把握时代发展的技术变革，对时代特征作出总体判断和科学概括，从而对建筑创作的发展作出带有趋向性的总体判断显得尤为重要。从技术时代观的角度来看，转型时期的俄罗斯建筑创作发展无疑受到当代技术发展的深刻影响。首先，数字技术的运用为俄罗斯建筑创作开启了根本性的创新发展。信息革命带来的数字化工具克服了以往建筑设计技术上的不足，将建筑形体生成引领到传统工具所无法企及的领域，开拓了形体创造上更多的可能性及更大的想象力。其次是前沿技术的借鉴为俄罗斯建筑创作带来了新的发展趋向。随着各前沿科学的发展，前沿技术作为新的建筑创作手段赋予建筑形态和空间以创新发展的可能，并逐渐改变人们在建筑创作中的思考的方式。由于前沿技术的运用，对建筑空间及形体的切割、扭曲、滑动、重叠等建构手段成为现实，从而使当前的建筑创作达到空前的复杂和自由。

转型时期的俄罗斯建筑创作正在不断地将数字技术、互联网络和前沿技术等新技术手段融入原有的建筑创作模式，通过技术变革把多维语义引入建筑创作，在建筑与人之间建立一种全新的联系，使建筑创作的各种新的可能性得到最大限度的扩展。这种在时代观指导下的多维语义的表达，体现了转型时期俄罗斯建筑创作创新发展的萌芽，不仅拓展了建筑的功能内涵、丰富了建筑的空间模式，更重要的是重构了建筑的形态审美，为建筑创作增加了新的审美维度。

5.3.1　数字技术的创新表现

数字技术的普及把人类带入了信息化的社会，深刻地影响和改变了人们的生活方式和思维方式。没有人能够确切说出这样一场深刻的社会变革会给建筑学带来怎样的后果。但毫无疑问，20 世纪 90 年代，数字技术所包含的独特概念成为探索设计新理念、新形式的灵感源泉，由此，数字技术在建筑领域迅速发展并成为建筑创作最重要的创新手段。库哈斯（Rem Koolhaas）在 2000 年 5 月接受普利策建筑奖时说："在数十年，也许近百年来，我们建筑学遭遇到了极其强大的竞争……我们在真实世界难以想象的社区正在虚拟空间中蓬勃发展。我们试图在大地上维持的区域和界限正以无从察觉的方式合并、转型，进入一个更直接、更迷人和更灵活的领域——电子领域。"[7] 数字技术不仅是建筑创作的创新手段、建筑形态的表现目的或创作灵感的出发点，更重要的是作为协助建筑创作的手段和方法，数字技术促使传统创作模式产生了本质性的转变，并成为当代建筑创作过程得以实现的技术平台。因此，数字技术对建筑创作的改变是深层的、颠覆性的、全方位的。在数字技术的带领下，西方建筑学在 21 世纪进入了最重要的转型阶段，已经出现了进化建筑、流体建筑、动态建筑等一系列依赖数字技术产生的建筑创作理论。建筑师在数字技术的辅助下，不断突破自身创造力的局限性，使建筑创作延伸到了更广阔的领域。

就世界范围来看，数字技术给时代带来的变革已经无需争辩，其对人们的影响和改变是根本性的，当人们逐渐习惯这种改变，以数字的方式思考问题和解决问题时，也必然以数字的方式创造新的环境以适应这种改变，因此从时代观的角度来看，数字技术带给建筑创作的也必然是根本性的变革。计算机所代表的数字化过程，对建筑风格的演进、建筑形式的变化、建筑建造方式和建筑创作方法与过程的影响，甚至对建筑思考方向的冲击，电脑数字化过程融入建筑创作思考过程，建筑创作正是利用数字技术的这种非物质转变，去发掘被传统物质技术所束缚的创造力。由此，数字技术不仅改变了建筑创作的方式和效率，也正在革新建筑创作的思维，数字技术的应用成为提高建筑师创作能力的有效途径。对于建筑师来说，数字技术的发展带来了对建筑空间的新的认知，带来了建筑创作的新的方法，帮助他们面对新时代面临的新问题。数字形式带给建筑师真正的意义在于，它们具有"拓扑性、时间性和参数性"。[21] 伴随着数字技术的应用，建筑师已经突破了从平面和立面来创作的基本思考方式，数字手段正在更新建筑师的思维习惯，建筑创作随着计算机直接进入三次元的空间，从而从技术层面为建筑创作赋予了时代性的变革，数字化技术将建筑创作引向一个未知的发展方向。

俄罗斯在计算机技术方面属于世界一流水平，但技术应用大多集中于军事领域，在建筑创作领域的应用则是在近年来伴随着西方建筑思潮的冲击而刚刚起步，数字技术的应用为当代俄罗斯建筑创作构建了一个创新的发展平台。在转型时期的俄罗斯建筑创作中，数字技术的应用虽然相对于西方建筑界而言还存在一定的差距，但是数字技术作为一种新兴的建筑创作手段挑战了传统的建造和审美观念，改变了过去建筑创作中无法突破的限制，带来了建筑创作中极度的选择自由，实现建筑形体表达极度的自由化和曲线化。数字技术不仅为建筑形式的探索提供了条件、支撑了建筑形式的多维表现，更重要的是，数字技术带来了建筑美学表新的革新，以及随之而来的对建筑审美的拓展，从而从广度和深度上拓展了建筑创作的创新可能，成为转型时期俄罗斯建筑创作创新发展的主要手段。

随着西方建筑创作对数字技术应用成果的不断涌入，数字技术在俄罗斯转型时期对建筑领域的冲击直接引发了数字技术的乌托邦思潮。俄罗斯建筑师在数字技术的支撑下，提出了"浮游城市"等富于创造力的方案，这些设想和方案展现了建筑师对于数字技术的乐观精神，也直接促进了转型时期建筑创作的发展。在转型时期的俄罗斯建筑领域，数字技术成为"打破传统概念的新建筑形态成为表达时代精神的最佳道具"[22]，在建筑创作中展现了惊人的创新表现力，在引发了对建筑美学认识的争论的同时，拓展了建筑创作的发展方向。

5.3.1.1 数字技术的曲线表达

曲线和直线一样，都是形式的一种表现，曲线和直线代表着不同的力的作用，它们之间反映出来的不是静态的区别而是动态的变化。在数字技术和计算机生成技术的支撑下，曲线形式的运用使建筑形式的表现力得到了充分扩展。在建筑领域，曲线形态在三维空间的形变成为吸引视觉冲击的有力手段，由此，复杂的三维曲面成为这个时代表现创造力的主要手段之一。越来越多的建筑师在数字技术的辅助下，采用由计算机生成的动态的、流体状的不规则曲面造型作为适应时代的建筑创作语言。从盖里、哈迪德、艾森曼、福斯特，到近些年知名度越来越高的 Nox.、F.O.A（Foreign Office Arehiteets）等，不约而同地将他们的作品向弯曲、夸张、流动的方向发展，在数字技术的辅助下，建筑师的想象使得创作思维或观念似乎具有无边无际的自由。如盖里的西雅图体验音乐博物馆（图 5-4）、Nox 的 H_2O 博物馆（图 5-5）以及彼得·库克与科林·弗尼尔的格拉茨现代艺术馆（图 5-6）等，都以夸张的曲面造型引人注目。建筑形式的曲线化表现不仅仅体现在建筑的外在形态，同时也影响了建筑的结构体系以及其建造方式的发展。可以说，正是数字技术蕴含的创造潜力在结合形式产生过程的基础上，将建筑创作推向复杂、不规则的曲线表现。

图 5-4　西雅图体验音乐博物馆[23]　　图 5-5　H_2O 博物馆[24]　　图 5-6　格拉茨现代艺术馆[25]

　　在时代发展的大背景下，随着信息交流的日益频繁和建筑创作的全球化趋向，数字技术在建筑创作中的曲线表现同样影响了俄罗斯转型时期的建筑创作发展，并在近年来的建筑竞赛中呈现出曲线化的发展萌芽。在这些曲线表现的建筑创作中，建筑师的构思借助于数字技术手段来实现，也就是说复杂的曲线图形以及形态在三维空间的曲化变形是由计算机辅助完成的，这说明在转型时期的俄罗斯数字技术已经开始介入建筑创作之中，从而在建筑创作中将形式推向数学的极限以创造复杂而统一的曲线形态。曲面变形的三维创作是传统的创作工具和手段无法达到的，数字技术的支撑将建筑形式的表现力扩展到新的领域，将建筑师的创造同数字技术的能力统一起来，从而赋予了建筑创作更大的开放性。建筑成为多层次的、抽象的、可变化的、表情丰富的数字技术演绎下的复合体，从而出现建筑审美独特的曲线表达。

　　虽然在转型时期的俄罗斯建筑创作中，传统的设计方法和评价体系仍处于统治地位，而对数字形式的研究又尚处在起步阶段，还很难梳理出数字技术在建筑创作中的系统表现。但重要的是，我们应该看到这些时尚设计所揭示出来的数字技术的影响力和对形式潜在意义的探索。在数字技术引发的建筑创作中的曲线表现萌芽中我们可以看到，在数字手段生成的复杂的不规则形态和计算机描绘出的绚丽的三维表现的外表下，数字技术带给建筑创作的真正意义在于新形式的美学内涵，以及由此引发的建筑审美上的变革。

创作实例：俄罗斯之吻——莫斯科"城市宫殿"大厦的扭转曲线

莫斯科"城市宫殿"大厦（Moscow's City Palace Tower）（图5-7）项目位于莫斯科城的东南角老工业区的中央商务区，建成后将成为进入莫斯科城区的大门。该建筑是一幢46层高的摩天楼，将提供85000平方米的零售和休闲设施、85000平方米的写字楼以及管理用房，建设成本超过15亿美元。

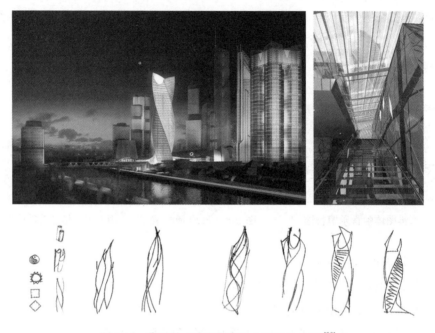

图5-7　莫斯科"城市宫殿"大厦设计方案[26]

"城市宫殿"大厦的建筑创作由建筑机构RMJM和苏格兰画家卡伦·福布斯（Karen Forbes）合作完成，这是俄罗斯建筑领域少有的建筑师与艺术家合作创作的作品之一。建筑创作的灵感来源于建筑最具特色的功能，用于婚礼的接待空间和跳舞场，正是出于对婚礼的隐喻激发了建筑师的想象力，将雕塑家罗丹著名的作品"吻"（图5-8）作为建筑形式的灵感来源。罗丹以古典的写实手法雕刻情侣缠绕热吻的瞬间，并运用生动的光影效果描述青春热情与生命，而"城市宫殿"的创作则采用扭转上升的建筑形态象征拥吻的甜蜜，并同样关注扭转的建筑形态所形成的内外部空间的光影关系。这座象征爱情的"性感"建筑由两个互相缠绕在一起的带状体组成，围绕带状体的玻璃幕墙成为围护结构形成富有流动感的曲线表现，并在底部结合成一个休息室和一个入口天蓬，同时在建筑物的顶部围成一个核心的跳舞场。建筑方案富有韵律的曲线表现，使人联想到甜蜜拥吻的男女，隐含婚礼主题的延伸，实现形式与功能的语义结合。同时，这种旋转的形式在风格上，同周围大量传统设计风格的建筑物形成了强烈的反差。"城市宫殿"项目对该地区核心部位的形式变化多端的零售和娱乐中心作出了响应，以富有时代精神的创作关注莫斯科城市文化，运用现代建筑思想创造莫斯科市不同寻常的新地标，期待对老工业区的可持续发展做出贡献。正是因为艺术家和建筑师合作，在创作上形成了这一大胆的螺旋缠绕的创作理念，从而创造了紧凑的、富于流动感的曲线形建筑形式，成为在数字技术的支撑下，当代俄罗斯建筑创作领域中曲线表现的典范。

图 5-8 罗丹雕塑作品"吻"[27]

5.3.1.2 数字技术的非物质化表现

数字技术所带来的冲击，不仅仅是改变建筑设计中使用的工具，更重要的是赋予建筑师对建筑造型无限的想象空间和变化可能。新型的数字技术已经远远超越传统的辅助和模拟手段，直接介入建筑师的形态创造的过程，各种依托数字技术的虚拟建筑直接衍生了建筑的非物质化倾向。数字技术所带来的数字化空间对传统建筑空间关系所固有的内与外、虚与实等特性的存在构成了威胁，从而在现实建筑创作中形成了体量虚化的创作理念。这种理念从一定的程度上拓展或消解建筑形体的视觉感受，改变了原有建筑实体的体量感，相对于传统建筑空间而言生成了"非物质化"空间，并创造出令人惊叹的视觉效果。

建筑的非物质性成为伴随数字技术而产生新型建筑理论，引领了建筑创作的非物质化表现，并影响了转型时期的俄罗斯建筑创作。虽然建筑还无法完全做到"非物质化"，但是这种以透明和轻质为主要特征的"非物质化"手法却带有象征意义，宣告建筑创作的崭新时代——数字信息时代的到来。这些运用非物质化理念创作的建筑作品给城市带来了"非物质感"的视觉效果，消解了传统城市建筑的"图底关系"，使建筑与其所处环境之间的相互融合成为可能。这些作品所形成的虚幻效果正是数字时代的技术特征在建筑创作上的真实反映，正如张钦楠在《建筑的"非物质化"和"暂息化"》一文中所指出的："喜欢用物质和'非物质'手段对比的方法来表现时代感。这种理性和非理性、物质和'非物质'并存的表现形式反映了设计师的时代观和文化观。"[28]

在转型时期的俄罗斯，数字技术为建筑创作带来的非物质化表现成为当代俄罗斯建筑创作的一种创新性的尝试，这种尝试体现了当代俄罗斯建筑审美对时代特征的反映，并越来越深刻地反映了数字技术所带来的变革正在逐渐从根本上改变建筑的本质。从而，促进转型时期的俄罗斯从时代观的角度重新认识形式创作的内涵，使建筑形式的表现得到了进一步的拓展。正是由于数字技术的衍生和控制，建筑创作超越了对建筑实体的塑造，建筑师超越自身能力的局限，将创造力延伸到传统创作模式的范围之外，推动当代俄罗斯建筑创作表现出对非物质化表现的追求。

创作实例：轻盈无物——彼尔姆艺术画廊新博物馆的非物质化表现

彼尔姆艺术画廊新博物馆位于河岸边，除了竞赛的功能要求外，基地周围茂密的树林成为建筑构思最重要的影响因素。竞赛的中标方案（图 5-9）打破了传统意义上建筑的"体量"感，在自然环境中构筑了一个轻盈的、若隐若现的建筑形态，从而成为俄罗斯转型时期非物质化建筑创作的代表作品。

图 5-9　彼尔姆艺术画廊新博物馆竞赛获奖方案[29]
a）夜景表现　b）入口广场　c）室内表现

该方案利用非物质化手段在河岸边形成了一个由玻璃围合的长方形空间，"透明性"成为整个方案最重要和最基本的特征表现。玻璃材料的运用超越了传统的采光、通风以及装饰的概念，而成为建筑体量非物质化的操作手段，通过玻璃的"透明"属性弱化建筑体量感。同时，利用玻璃材料的"反射"属性，将建筑表皮结构作为反射外部环境的光滑界面，借助光学现象使建筑成为自然环境的幻象，从而使建筑虚化了自身的真实性。在建筑空间的创作上，该方案呈现出现代极少主义的艺术特点，利用最简单的空间分隔使空间可以最大程度地再生。由此，整个方案从造型到空间以"极简"的创作手法实现了建筑的非物质化表现，在河岸边塑造了一座轻盈虚幻的博物馆建筑。

彼尔姆艺术画廊新博物馆竞赛中标方案的非物质化创作体现了俄罗斯转型时期建筑创作的一种创新趋势，利用先进的数字化手段消除世界文化的差异性，从而在建筑创作中获得更大的透明度、开放性和认同性。

5.3.1.3　数字技术的动态演绎

在以数字技术和信息传播为主要特征的当今时代，传统建筑中强调韵律、比例、对称等的具有秩序美的静态理想空间正逐步被数字技术生成的切割、扭曲、滑动、重叠等动态新奇的形态所取代。数字化信息时代中飞速发展的数字技术手段和强大的计算机处理系统促使建筑创作突破了线性科学的束缚，在这种与时代技术发展密切相关的文化状态下，数字技术给人们展示了远离平衡态下的动态结构，清除了时间与空间的二元对立，进一步显示了数字技术复杂性的创造潜力，凸现高度的连续性与流动性。正如方振宁在《激变的超前建筑形态》一文中所指出的："数字技术将社会中各种复杂复合的力量，变成一种流动的场。然后，通过电脑将这种场视觉化，从而生成使人惊奇的建筑形态。"[30] 著名建筑大师艾森曼同样认为："当数字工具大量进入建筑设计过程中时，常会发展出连设计者都为之惊奇的结果。"[31]

数字技术正在快速地将建筑从二维的静态描述向三维的动态表现进化，通过建立在数字化技术基础上的"动态变化"，建筑形态的表现力得到充分拓展。格雷·林（Grey Lynn）认为现今的数字技术，将有利于形体反应各类力系的作用。他利用数字技术，提出了一套"动态的形式"（animate form）的理论，用以说明数字动态的空间观，同时他也经常引用微积分、拓扑学等观念，来讨论力系对物体所造成的形变[31]。这种创作手段实际上是在数字技术的支撑下符合时代发展的一种从创作技术层面对建筑创作现代性品质的革新。

在数字技术的支撑下，转型时期的俄罗斯城市建筑创作也萌发了新的趋向，这种趋向最明显的特征就是"动态"，是一种包含了复杂性的"动态"。形态上的平滑和曲线是最容易表达动态连续性的方式，它们也可以被用来表达内在的、抽象的、思想的连续性概念。为了体现连续而又颇具差异的"动态"表现，建筑师在数字技术的支撑下将流动联系描述为某种能够产生复杂形变的"动态"建筑形态。建筑创作对"动态"形式的演绎隐含了一种正与反相互交织、循环往复、多变不规则的状态。在苏俄前卫艺术的影响下，在数字技术的支撑下，建筑创作的"动态"表现无疑成为当代俄罗斯建筑创作中值得关注的趋向。

创作实例：旋转摩天楼——未来主义的动感演绎

在数字技术的不断发展下，其对建筑创作的支撑作用正在不断凸显出来，逐渐成为建筑创作过程中不可或缺的技术手段。正是依赖数字技术强大的模拟能力和运算能力，意大利著名建筑师戴维·菲希尔（David Fisher）创作了旋转摩天楼方案（图 5-10）。菲希尔把这种旋转摩天大厦形容为动感大楼（Dynamic Tower），并称旋转摩天楼方案的实现将带领建筑业进入"动感建筑的新世代"[33]。旋转摩天楼在方案创作阶段利用数字技术进行结构分析、节能分析等一系列的分析以探讨动态建筑理念的可行性，这使得建筑师不再是被动地进行思考和想象，而是能够把可行性整合到建筑创作的过程中，为建筑创作带来新的起点。

图 5-10　旋转摩天楼的形态变化 [32]

俄罗斯米拉克斯集团目前已购买戴维·菲希尔的建筑专利权，并计划在俄罗斯首都莫斯科市和圣彼得堡市分别建造"旋转摩天大楼"，每座"旋转摩天大楼"将至少高达 60 层 [34]。这在彰显当代俄罗斯经济发展活力和房地产市场繁荣的同时，也无疑表明了在转型时期的俄罗斯，建筑技术已经向世界先进的水平看齐，同时表明当代俄罗斯建筑审美在西方先进思想的冲击下，已经产生了明显的拓展变化，逐步认同未来主义建筑创作的成果。据 2007 年的报道，目前在莫斯科筹建的旋转摩天楼已经获得批准兴建，项目选址于米拉克斯集团地势最好的一处地产，位于莫斯科市区三环路的繁华地段，计划总造价约为 4 亿美元，低楼层为办公区和商店，高楼层为住宅区 [35]。

旋转摩天楼创作方案创新性的架构了预制组装的动态旋转体系，将每层楼作为独立单位进行预制建造，然后把复制的单位排列到位，并装配在摩天大楼的中心建筑轴上。在风力涡轮产生的电力能驱动下，摩天大楼的每一层楼都可以独立而缓慢地旋转。由于所有楼层都时刻围绕中轴作 360 度旋转，因此导致旋转摩天楼的外形不停地变化。同时，组合而成的建筑物还可以依靠太阳能，随机地改变形状，因此，建筑师菲希尔将这种动态建筑概念比喻为表现美感舞姿的肚皮舞女。由于建筑形态能够随时间更迭产生变化表现，这无疑将时间引进建筑形态表现之中，从而将传统的三维空间概念向四维空间拓展，利用动态旋转呈现出四维空间感受。而实际上在更深的层面上理解，他们对于表皮的关注在许多情况下是对如何让时间参与建筑表现的一种探讨，因为在他们看来只有加入了时间因素的建筑才能表现出活力，而时间性的介入也使建筑拥有了一条直接表现其复杂性的途径。使建筑具有的一种历时性的活力，使建筑在某种程度上具有了对随机、多样生活的表现力。这座旋转摩天楼的创作方案在数字模拟技术的支撑下，在数字环境下真正实现了建筑师对建筑动态的追求，这种独创性的动态演绎可以说是未来主义建筑创作的突破之作。除了引人瞩目的动态建筑形态之外，旋转摩天大楼还倡导绿色环保观念，建筑顶部的安装太阳能板连同风力涡轮共同为建筑自身以及临近的建筑物提供电力，换句话说，整座大楼所需的能源都是自给自足的。

5.3.2 前沿技术的创新表现

所谓前沿技术实际上是一个跨越了许多领域的概念，包含现代理论物理学、天文学、生物学、经济学、数学等多种科学的最新理论领域的技术。在以技术发展为时代主导特征的当今社会，随着信息交流日趋频繁，这些前沿科学技术迅速传播、交叉、融合，从而在各学科形成新的研究领域。前沿技术同样不可避免地渗透到当代建筑创作的发展进程之中，并在建筑创作的思想及手段层面产生了重要的影响，从而产生了以有机仿生、复杂性科学等理论为思想依据，通过建筑形态的变化和建筑空间的多元化来表现时代精神的创作理念，这极大地刺激了建筑师艺术想象力和创造才能的发挥。正因为如此，越来越多的建筑师、结构工程师、软件工程师，甚至生物学家走到一起，动员所有学科知识形成丰富的资源库，发掘各种技术超乎已被认知生产力之外的潜力，并从彼此的结合中形成新的规则，用数学模型和数码工具来改变整个建筑创作过程。例如，分形几何的出现使人类对"几何"形状的认识范围大大拓宽，将其技术理念运用到建筑创作中，这些新式几何理论将建筑空间形体带入数值化、连续化、曲度化的阶段；德勒兹理论引用了力学、微积分、拓扑学、生物学、地质学等的观念，各种观念相互连接、互相派生，用以说明差异的连续状态，将德勒兹理论渗透到建筑创作之中，则发展出"重复"、"折叠"、"叠层"等空间概念，对传统的建筑空间进行了具有时代性的拓展。与此同时，还有大批学者和理论家对于新建筑与人类、社会和自然关系进行积极而活跃的研究和思索，以能量、物质和信息为参数的综合解说体系将建筑创作的想象力扩展到极限。这些都是将前沿技术的概念或形式提取和转化为建筑学的概念或形式，这种转译成为当今时代建筑学科与外界交流的重要渠道，由于转译的过程是多样的、富于变化和个性化的，因此前沿学科的渗透成为当代建筑创作创新发展的主要途径。

在转型时期的当代俄罗斯建筑创作的发展中虽然对前沿技术的研究与运用还没有形成体系，但是在个别的创作方案中已经显现出了对前沿技术的运用与关注。前沿技术所带来的全新的观念与方法使建筑创作突破原有的模式，在建筑创作中引发了多维语义的表达，从而想象和构建传统方式无法达到的多样化的建筑空间与形态。建筑受到这些前沿技术及科学理论的影响，开始摆脱规则标准几何形体枷锁，走向创新的发展道路。在建筑与前沿学科领域成果的相互借鉴与交融之中，建筑创作产生了新的分化与整合，从而显现出对传统建筑形态的反叛，呈现出适应时代精神的"先锋"特征。

在前沿科学的渗透下，当代俄罗斯建筑创作正在呈现出符合时代发展的新的审美表现，在审美思维层面表现出异质、混沌的创新趋向。正是在前沿技术的不断交流与渗透中，建筑创作形成了新的创造性突破，从而开辟了具有独创性和新颖度的发展趋向。

随着建筑审美的时代重构，前沿技术引领下的建筑创作突破了原有传统创作思维的局限，超乎以往想象的先锋建筑形式正展现在人们眼前。

5.3.2.1　有机仿生

人类对自然界的认识越深刻，就越是感叹自然的神奇和生命机制的完善，形形色色的自然物态和生命形态之所以能够存在，无疑归功于大自然卓越的创造能力，这一点对于建筑创作活动有着广泛的借鉴意义和启示作用。在当代前沿科学发展尤其是数学发展的推动下，人们对模仿自然的兴趣与日俱增，并揭示出一个又一个生命体不同寻常的结构。唯有自然才是真正的工程师（此语为现代建筑启蒙者帕克斯顿的名言），自然作为有机系统成功地实现了从混沌到有序的进化，这无疑成为研究建筑与城市发展取之不尽的思想源泉。建筑创作同前沿技术发展的结合，在美学思维上带来了深刻的变迁，它不仅在形式层面上丰富了美学表现的形态，而且在观念和意义上拓展着审美表现的空间。从当代建筑创作看，对自然界有机形态的大胆模拟变得越来越平常，在建筑形态中存在着跨种类的相似性，由此在建筑创作中形成了有机仿生的创作倾向，并吸引不少建筑师在该领域付出不懈的努力。例如，西班牙建筑师圣地亚哥·卡拉特拉瓦善于从大自然和生物体中寻找设计灵感，从人和动物的内部结构形式和运动方式中提炼出一种能体现生命规律和自然法则的材料结构方法，并把它成功地运用于设计实践。约翰·弗雷泽则利用计算机算法实现建筑对生物进化的效仿，通过对建筑形似的构成规律进行基因编码，并模拟遗传、编译和选择的方式，让计算机自动生成设计者所需的建筑形式[36]。这些有机仿生的建筑创作趋向，从设计思维上看，建筑师开始重新认识建筑的社会属性、建筑与自然的关系，反思现代建筑的设计理念和原则：开始用人文价值的眼光来审视建筑的意义；以有机关联的模式来处理建筑与社会、与自然的价值关系；用多元的、复杂的思维来对待建筑空间的形式处理[37]。

从自然物态或生命形式中得到启示的创作方式在转型时期多元化发展的俄罗斯建筑创作的发展中也得到了一定的运用，出现通过对自然物态或生命形式的拟态来创造具有隐喻或象征意义的建筑方案，成为转型时期建筑创作创新发展的体现。有机仿生的创作表达是前沿技术在自然科学研究领域获得突破并应用于建筑领域的结果，从而为俄罗斯转型时期的建筑创作带来的一种新兴的创新表达。有机仿生的创作以形态上的模拟来表达建筑与生命形式之间的关系，创造出建筑结构、建筑造型空间或空间的生物拟像或组合形象，体现了对符合生命形式本质、自然物态本质和生态平衡要求的建筑美学的追求。

转型时期的俄罗斯建筑创作在有机仿生方向的尝试显然还处于起步阶段，创作手段多停留在模仿和相似的阶段，还没有利用前沿技术生成真正与环境共生的建筑实例，还缺乏大量通过对生命体拟态寻找富有隐喻或象征意义的有机形态的建筑师和建筑作品。但是，少数的萌芽作品仍然表现出了对自然物态的仿生倾向，表达了当代俄罗斯建筑创作在建筑技术发展的推动下对有机形态的追求。

创作实例：雪花形态的模拟——索契冬奥会场馆竞赛方案的仿生表现

有机仿生的建筑创作表现将建筑形式推向自然物态的模拟以创造复杂而统一的结构形态，在建筑形态上表达出惊人的自然美态，实现对建筑形态的有机把握。模拟是建筑创作仿生表现的主要方式之一，是以自然界作为蓝本，通过对自然物体或生命体的研究与分析，在数字技术、工程技术等前沿技术的支持下，产生同源于自然形态结构的、更加巧妙精细的建筑外观形式并与环境协调共生。

由阿萨多夫建筑创作工作室、Project-KS、Grado 项目公司联合为俄罗斯 2014 索契冬奥会综合体育场创作的概念性方案（图 5-11）表现出了对自然物态有机仿生的创作倾向。代表俄罗斯特有的寒冷气候并与冬季奥运会紧密联系的雪花元素给方案的创作构想提供了启示，设计团队将该方案的创作主题确定为"俄罗斯雪花"。通过研究雪花的形体结构而衍生出平面化的几何元素（图 5-12），成为建筑方案创作的几何基因，并由该几何基因以分形的方式组成错综复杂、富于变化的建筑外围护结构体系。这种模拟不是单纯地对个体雪花物态的外形模拟，而是研究隐藏在形式背后的形态结构的构成规律，并根据需要进行组合，从而形成以雪花结构的形成规律为基础的开放的构成系统。基于上述分析和基地现有的总体规划，设计团队创作了"随风飘落的雪在奥林匹克建筑上留下的形式痕迹"的建筑意境，并计划在外围护结构采用装饰性的铝制或混合材料的多孔板实现这一创意，夜晚 LED 灯光的表现将更加强化这一创作理念。与此同时，设计团队将该综合体育场作为的中心建筑，并致力于该建筑同周围环境及建筑的和谐共生。正如建筑师阿萨多夫强调的一样："除了对总体规划结构和其他框架性概念的修改，我们还要通过建筑和美学的创意来加强建筑与环境的统一感"。

图 5-11　索契冬奥会综合体育场概念方案[38]

a）建筑表现图　b）室内表现图　c）结构节点

a）   b）

图 5-12　雪花形态在体育场结构形态上的应用 [38]

a）雪花形态表现　b）应用示意

5.3.2.2　地形建筑

地形建筑（Landform Architecture）是建筑理论家詹克斯用来形容近期复杂性建筑的一种发展趋势，这类建筑从外部形态上看类似地形景观建筑[38]。这里采用"地形建筑"一词说明随着地形学以及复杂几何学等前沿技术的渗透，建筑创作消除传统建筑与场地之间的差别，利用地理状况创建无限多的斜面和连续体，从而使建筑造型和场地之间可以自由完美的结合的创作趋向。这种趋向不仅表现了地球表面丰富的地貌起伏和延展对建筑形态的启发，更体现了拓扑学对当代建筑创作的重要影响。拓扑学是数学中的一个基础分支，主要研究的是几何图形在连续变形下保持不变的性质。地形建筑对于地形的复杂操作正是受拓扑变形的启发，对地貌肌理形态进行拓扑化变形，并以此作为建筑变形和形式生成的理论参照和依据，由此，拓扑变形成为地形建筑创作的主要手段。在地形建筑创作趋势中，地面被视为一层（或是多层）可以被任意改变的柔性表皮，它可以被隆起、掀开、扭曲、翻转乃至重构，这些变形操作更多时候并非去实际改变原有的土地，而是将土地视为积极活跃的文本和肌理作为建筑表演的舞台，它所揭示的弱关联性、复杂性和差异性激发了新的建筑语言和操作方法。从而在建筑创作领域以"场域"拓展了建筑的含义，并融合了环境和景观的定义。建筑与地形的形态整合作为一种新的策略无疑已成为这一融合概念在当代的重要表达方式[39]。

建筑是城市发展的视觉焦点，这导致了转型时期的俄罗斯建筑创作不断追求新的建筑形式以适应时代的发展。"地形建筑"作为十余年来西方建筑界的时髦概念，引领了俄罗斯转型时期的建筑创作从自然地貌中寻求建筑新形态的趋向。"地形建筑"的形态既是多样的又是统一的，既是断裂的又是连续的，基地的表面被系统化的加以变形，以求打破从二维平面出发而形成的屈从于笛卡尔网格体系的被普遍接受的三维空间形态。无论作为一种物质现象所蕴含的形式可能性，还是被艺术家赋予更复杂的含义……它引导着建筑师谋求建筑与景观在形态上的整合，作为一种目标，它试图包含一定区域内大地表面自然化实体存在、人工化的实体存在（建筑单体、群体乃至城市）以及相应的空间的总和[40]。这种创作体现了一种共同的趋势：借助计算机技术、拓扑学、地形学等前沿技术的启发，在创作中强调形式的变形及其美学作用和由此产生的空间效果，并且通过变形将不同的建筑元素联合在一起，建筑形式最终成为各种因素多方操作的结果。

创作实例：自然地形的回应——Nizhny Novgorod 体育综合体建筑方案的地形表现

Nizhny Novgorod 体育综合体（图 5-13）是由国家投资的，作为 2014 年索契冬奥会训练设施和储备基地的体育综合体。建筑功能包括技巧滑雪场、室内单板训练场、室内溜冰场、水溶公园和一个北欧越野滑雪场等训练场地，同时还包含一个五星级酒店、豪华公寓以及连接所有功能的室内购物中心。

a）　　　　　　　　　　　　　　　b）

图 5-13　Nizhny Novgorod 体育综合体设计方案[41]

a）建筑表现图　b）总体鸟瞰图

该体育综合体位于伏尔加河畔的一个险峻的森林地带，建筑创作通过对所在区域的地理状况和自然地貌形态的研究创建多层次的斜面、曲线形态和连续体，从而使建筑造型和场地之间可以自由完美的结合，并以此回应对自然地形的尊重。该创作方案明显地表现出了对拓扑变形的动态意义的探求，这种变形并非去实际改变原有的自然地貌，而是以此作为建筑形式生成的理论参照和依据。在创作中通过对自然地貌的肌理形态进行变形，来打破传统体育建筑综合体的创作规则，从而以空间变迁为线索改变了人们所习惯的建筑状态，形成低矮的并富于流动性的建筑形态。建筑形态在自然环境所组成的多层次空间体系中自由流动，其柔化的建筑形态、流动的动势特征连同高耸入云的 125 米高的滑雪坡结构表现带来标志性动摇了现代主义建筑所确立的永久感和充满理性的现实感，从而使 Nizhny Novgorod 体育综合体不只是作为建筑，更融合了地性建筑所特有的景观的特色融合于险峻的自然环境。正如该方案的建筑师所强调的："我们的创作是对这个复杂的体育综合体所处的自然地理状况的回应……因此该综合体建筑的地理位置成为建筑方案需要关注的核心问题，连同额外的附加功能，建筑综合体的形态被设计成为沿着河岸流动的低矮的形式"。[42]

5.3.2.3 分形建构

"分形"一词译于英文 Fractal，1975 年，贝努瓦·曼代尔布罗特（Benoit Mandelbrot）将前人的研究进行总结，并首次在其著作《自然界的分形几何》（The Fractal Geometry of Nature）中提出了"分形"（Fratal）的概念："分形是几何外形，它与欧几里得几何外形相反，是没有规则的。首先，它们处处无规则可言。其次，它们在各种尺度上都有同样程度的不规则性，不论从远处观察，还是从近处观察，分形客体看起来一个模样——它是自相似的。"[44] 分形理论在引用生物学、地质学、生态学、水文学、天体与地球科学等领域的研究成果的基础上，论述了自相似现象在自然界的普遍性，并用以研究物体的自相似关系。正是由于分形反映了客观世界普遍存在的自相似的规律，分形理论的渗透引发了在建筑形式创作中对自相似现象的运用。由于分形图形的丰富性和不规则性对人的思维和想象力所产生的启发性，从而建构了全新的建筑形式美的基本法则。

与其他新兴的前沿技术一样，分形几何的渗透同样给转型时期的俄罗斯建筑创作带来了新的美学追求和创新手段。作为一门新兴的科学，分形科学真正揭示了自然形式美的本质，动态的和谐统一不仅能够为建筑师创作更为复杂的韵律和更加自由的形态提供可能，也为城市自然的发展与合理建设提供科学的依据[44]。这种新的美学影响在建筑创作中形成了对传统美学的超越，进而为建筑形式的创作提供创新的思路，创造与时代技术发展相适应的设计作品。分形几何在建筑创作的形式语言方面提供了新的词汇——分形的形式，更通过自相似性的多层次构成为建筑创作提供了全新的形式建构方式。转型时期的俄罗斯当代建筑创作正在为数不多的新作品中尝试借助这种全新的语言去探索建筑创作未知的边境，拓宽建筑形式可能性的领域，从而在建筑创作中表现具有时代感的审美价值观。

创作实例：彼尔姆艺术画廊新博物馆建筑竞赛方案的分形建构

彼尔姆艺术画廊新博物馆选址于河边斜坡地形的顶部，Acconci 工作室的方案在创作中打破常规，方案将博物馆设置在基地的斜坡面，建筑形体没有和斜坡形成对抗，而是顺势滑落，延伸至河边。由 Acconci 工作室创作的方案（图 5-14）是该建筑竞赛八个获奖方案之一。

在创作之初，Acconci 工作室假设博物馆是虚无的，对博物馆的预知、希望和诱惑，是位于斜坡上的轻薄的、透明的、仿佛能够迅速消失的暗示，因此形成了"在斜坡上延展的地毯"的创作概念[45]。为了实现这一创意，使建筑本身能够完美地融入自然，该方案将整个博物馆隐藏在玻璃表皮之下，并在建筑玻璃表皮的形态构成上采用了几何分形的方式。几何分形，也叫作正规分形，分形图形多为物质的微观形态或由人为构造的几何形态，整体与局部的结构形式具有规则的自相似特征。利用这种分形构成，Acconci 工作室形成了一个富于动感的博物馆建筑表皮形态。整个建筑表皮都是由三角形叠套而成，放大其任一局部，都具有与整体相似的形态特征，从而以自相似的结构特征体现出分形系统的完美。与此同时，采用分形手段构成的建筑表皮在结构形态上采用具有双向生成特征的贝状形式，这从结构上实现坚固并高效的目标。建筑表皮形式的各个部分在延伸变化中不断打破旧有的平衡关系，同时也在不断建立新的相互制约。由于分形是大自然的基本属性，因而在分形几何学影响下，该方案的建筑形式具有在动态中的和谐统一的自然界特征，从而取得与自然环境的融合。光线通过分形构成的玻璃表皮自由通透、景观环境通过分形构成的玻璃表皮自由交换，该建筑在基地环境中几乎没有明确的边界，由此，实现了 Acconci 工作室最初的创作构想，形成了轻薄的、透明的、仿佛能够迅速消失的博物馆建筑。

图 5-14　彼尔姆艺术画廊新博物馆竞赛方案[44]

5.4　技术系统观下的建筑创新

系统是自然界物质的普遍存在形式，每个系统都是由各个成分构成的复合体，各组成部分之间存在相互作用的有序结构，不能孤立地对待各组成部分，因为系统的整体大于各组成部分之和，任何组成部分都无法被省略。系统观则是指以系统的观点看自然界，揭示自然界物质存在的整体性、关联性、层次性、开放性、动态性和自组织性。现代系统观认为，事物的普遍联系和永恒运动是一个总体过程，要全面地把握和控制对象，综合地探索系统中要素与要素、要素与系统、系统与环境、系统与系统的相互作用和变化规律，把握住对象的内、外环境的关系，以便有效地认识和改造对象。从系统观的角度看，建筑同样是由不同的子系统构成的一个系统整体，各子系统又分别由不同的建筑要素所组成。因此打破传统的局限于建筑单一层面的研究，以系统观的角度分析建筑创作过程，是一个协调各个要素和子系统的完善运转的过程，将构成建筑的各要素综合在一起加以分析，各子系统相互促进，最终实现建筑系统的平衡发展。

在转型时期的俄罗斯，随着经济全球化、信息全球化以及技术发展的全面渗透，过去建筑创作的手段和认识已经不能适应俄罗斯当前信息化社会中建筑发展的客观要求，建筑作为一个复合系统也在不同时间尺度和不同空间层次上发生了显著的变化。因此，对于转型时期的俄罗斯建筑创作而言，从系统观的角度研究技术发展给建筑创作带来的深刻变化，进而对当代俄罗斯建筑创作的发展变化做出总体性的趋向分析显得尤为重要。从技术系统观的角度分析，在社会转型时期的俄罗斯，建筑作为一个复合系统在经济复兴、社会变革、技术发展的推动下呈现出日趋复杂化的发展趋向。这种复杂化首先体现在建筑功能的复合化发展，从系统观的角度来看，俄罗斯当代建筑的功能体系在使用需求的影响下正在不断发生集成演变，建筑正在从单一功能走向多功能、从单体建筑的多功能走向群体建筑的功能复合。其次，建筑系统的复杂化衍生了建筑形态的复杂表现，这一方面由于建筑空间体系趋于多样化，外显于建筑形态导致了建筑形体的复杂化；另一方面建筑功能的复合化发展、建筑规模的日趋扩大、造型手段日趋多变的发展衍生了建筑形体的复杂表现。最后，建筑功能体系的复合化发展、建筑造型体系的复杂化发展无疑导致了建筑整个系统日趋复杂化的发展倾向，建筑以更具有综合性的方式展现了当代技术塑造的生活载体。在当代科学技术的交叉融合所构成的技术整合力的推动下，各子系统不断集成演变、协调共生。

5.4.1 功能内涵的复合化发展

在进入 21 世纪之后，在经济复苏的带动下，俄罗斯在经济转轨过程中遭到重创的原有建筑部门和企业恢复较慢而带来的建筑市场空白和巨大的市场需求为建筑发展提供了空前的机遇。建筑业日见兴旺、房地产急剧升值，开发商、投资商大量开发商业区、住宅区、办公楼，使俄罗斯建筑市场成为当今世界最受关注的发展地区之一，建筑成为俄罗斯最有活力的经济部门之一。在莫斯科、圣彼得堡等主要城市，城市急剧发展所带来的土地资源的紧缺、土地价格飞升、交通困扰、环境质量下降等城市弊病逐渐突显。单一功能类型的建筑模式已经不能适应当前信息化与全球化下建筑系统的功能要求，无法满足社会生活日趋多元化的客观需要，建筑功能体系的复合化发展成为建筑发展必然。同一建筑中并置和重叠多种功能层次，成为转型时期俄罗斯建筑创作发展的一种转型。笔者在采访圣彼得堡国立技术大学建筑学院尤里教授时，他曾经谈道："总结当代俄罗斯建筑最显著的变化莫过于建筑功能的复合化，这种复合功能的建筑在社会主义时期是没有的，是在新的社会需求下衍生出来的新的建筑模式，并且在当代俄罗斯发挥着越来越重要的作用。"建筑中多功能的连接与复合为其使用者带来了莫大的方便，从而在转型时期俄罗斯成为城市复兴的一个重要的建筑模式。这种建筑功能的复合化发展为城市生活功能提供了一个复合的空间，建筑以一种新的空间秩序承载城市生活的各个要素，在复合的功能体系中，各功能互相依存、互相促进，形成高效率而复杂的建筑模式。

当代俄罗斯建筑在现代建筑技术的支持下，建筑功能的发展不断突破传统的模式，不仅在单体建筑中逐渐包含越来越多的功能体系，同时各功能体系间的界限日趋模糊。从系统观的角度分析，建筑功能的这种复合化发展不仅有利于俄罗斯在转型时期提升城市价值，又能有效疏解主要城市压力带动城市区域的发展，极大提高人们生活和工作的效率。当代俄罗斯建筑的这种功能复合化以多种功能的连接和复合为特征，呈现出多种功能在有机整体内相互协调平衡、相互激发，更加能动的发挥了建筑的职能和功效，对社会生活和环境具有强大聚合力，从而形成转型时期俄罗斯建筑发展的新型模式，成为在建筑技术带动下城市建筑发展的主流趋向。

功能复合化体现在建筑创作中则表现为如何在复合的功能体系中合理协调，使各功能互相依存、互相促进，形成高效率而复杂的建筑模式。由此，根据功能复合的模式不同，可以将转型时期的俄罗斯建筑功能复合化分为三种类型：（1）建筑功能的差异性并置；（2）建筑功能的共生性整合；（3）建筑功能的城市化发展。

5.4.1.1　建筑功能的差异性并置

在社会稳定、经济的飞速发展的转型时期，俄罗斯城市发展的本质趋势是功能集聚。在经济全球化与信息技术全面渗透的现代社会，社会主义时期单一功能类型的建筑模式已经不能适应当代社会生活日趋多元化的客观需要，由此，建筑功能体系在时间体系和空间层次上发生了显著的变化，以满足当前信息化与全球化下建筑系统的功能要求，从本质上说，这种变化就是建筑功能的重组和集成。

在建筑功能复合化发展中，建筑功能在不断的重组和集成的实践中形成了不同的功能复合模式。建筑功能的差异性并置是指以多种具有差异性的功能的连接为特征的复合模式，在这种复合模式中，功能体系下的各功能要素相对独立，要素之间关联性较弱。差异性并置的复合模式是转型时期俄罗斯建筑从单一功能建筑向建筑综合体过渡初期的主要模式，这种功能复合模式是在城市急剧发展、土地价值不断上升的背景下，伴随着城市发展聚集化而产生的建筑发展趋向。随着俄罗斯经济复苏、商业活动繁荣，主要城市形成多中心的聚集发展，在各中心区域，城市资源大量聚集，土地价值不断上升，为了提高城市土地的利用率，缓解中心区土地资源的紧缺，建筑不断在垂直方向上发展空间，并将不同的功能并置在同一建筑，形成建筑功能的复合化。这种复合模式，虽然没有相邻功能间的协调共生，但是却带来对城市空间的合理利用，避免对城市空间和土地资源的浪费，在转型时期的俄罗斯发展集约型国家具有重要的意义。

功能并置的复合化模式由于充分利用了土地空间资源，并依据功能特点合理布局空间，使空间利用集约化，避免了因功能孤立而造成的空间资源浪费和平均使用土地的不合理现象，因此这种模式的建筑综合体成为转型时期俄罗斯的城市中心区和商务区建筑形态的最佳选择。功能并置所形成的空间的聚集主要是在垂直方向上的功能叠合，不仅提高土地空间与城市资源的利用效率，也是城市土地在空间上的再次开发利用，因此，差异性功能并置的模式从本质上讲是通过建筑对功能的综合性节约空间。

5.4.1.2 建筑功能的共生性整合

在转型时期的俄罗斯，建筑功能复合化发展的另一种模式是建筑功能的共生性整合。"共生"（Symbiosis）一词源自希腊文，意指生态学上的"共栖"，"特别是双方受益的共栖，依据各要素间的利害关联性，结成协作关系，维持自我完成的均衡。它所追求的是'生存的各种形式的调和统一'"。[46]将"共生"理念应用于城市建筑则反映为建筑内部各功能组成成分之间的一种相互依存、相互促进的结合方式和互利协作的促进关系。这种共生关系有赖于人类行为的共生，即一种行为的发生有利于另一种行为的发生。由此，在共生理念的指导下的功能复合化不是各功能要素简单的连接与并置，而是建筑功能体系中的各功能要素之间存在丰富而复杂的依存关系并能够相互作用，从而形成多元化、综合化的功能环境，集中体现了不同层次的、相互促进的行为。这种行为的共生所衍生的建筑功能的共生性整合的功能复合模式对于转型时期的俄罗斯建筑而言无疑是具有创新性的建筑模式，对于现代城市的发展具有积极的意义，因此成为转型时期俄罗斯建筑发展的新趋向。

建筑功能的共生性整合"是由各种不同功能单元、不同性质空间组成的，相互作用、相互制约的有机体，是一个复杂而完整的系统。其各部分之间并非彼此独立，简单地叠加在一起，而是相互联系、相互激发，优势互补，共同发展的整体。这种系统化的组合，使建筑综合体更加能动地发挥其职能和功效，具有较强的适应性和自我调节能力，因而产生更大的经济效益。"[47]正是由于各功能要素有机的集成在一起，各种功能叠合、相互作用与激发，使相同功能在综合体的多功能环境中出现比单一功能建筑环境中更大的功效职能，建筑功能具有较大的兼容性。各功能要素在横向的相互作用过程中激发出自身最大的潜能，同时也产生出新的中介功能，以促进各功能间的协作。正是由于功能的多样化，满足了人们丰富的城市生活要求。建筑功能的共生性整合，不仅在横向的功能轴上相互影响、相互激发，在纵向的时间轴上也是相互配合、协调的。城市中不同性质的行为集中发生的时间区段和峰值时间不尽相同,将不同时间段内运行的功能组合在一起,保持建筑本身与城市全天候的繁荣,形成"功能的全时化运作"以最大限度地发挥经济效益。在这种共生性整合的功能复合模式中,建筑功能常常由商业、居住、文化、体育等一种或几种功能为主体,围绕主体功能衍生多种子功能的组合,它们之间相互协调、组织、融合,在城市建筑综合体内形成一个丰富交织的功能网。

转型时期的俄罗斯建筑在功能复合化的发展的实践中不断尝试,其中不乏共生性整合的创作实践,这种模式下的大多数作品是在当代俄罗斯备受瞩目的大型综合项目,这些项目不仅实现建筑自身功能的聚合共生,还引发了城市系统自组织机制的反映,形成较为完整的共生群落,影响城市空间的结构发展。这些作品虽然不是当代俄罗斯建筑创作的普遍性主流,但是却产生了巨大的影响力,预示了转型时期俄罗斯大型综合建筑创作的发展趋向。

5.4.1.3 建筑功能的城市化发展

在俄罗斯从计划经济向市场经济转型的过程中,城市发挥着决定性的意义,提供了国家约 4/5 的 GDP 和 90% 以上的财政收入,集中了国内最雄厚的科技力量[48]。伴随着俄罗斯实施市场经济的进程,俄罗斯的城市建设与发展也进入了一个全新的阶段。市场经济带来的土地私有化和市场化、经济发展带来的城市建设的繁荣等因素促进了转型时期的俄罗斯将土地建设由粗放型向集约型转变,并深入挖掘土地资源的潜力,大规模改造现有土地和废弃土地,使有限的土地资源产生更大的经济效益。在市场运作的模式下,俄罗斯主要城市进入了大规模的城市建设进程,城市快速发展的背景无疑导致了城市功能的聚集,促进了建筑功能的进一步复合。

作为城市功能聚集节点的建筑逐渐突破传统建筑设计和城市设计的局限,凝聚了交通、居住、商业、生活娱乐等各种生活形态于一体,建筑尺度、规模、空间日趋扩展,建筑内部的公共空间不但服务于建筑本身,而且成为整个城市的场所,服务于整个城市。这使得转型时期的俄罗斯建筑的复合化特征出现了从单体建筑的功能复合走向群体建筑的多层次复合,形成城市群体建筑的复合结构。建筑功能已经开始超越建筑自身的范畴将空间体系与职能体系相关联,真正建立起建筑与城市间内在的联系网络,从而赋予城市环境以内在的生命力。由此建筑空间兼有更多的城市职能,城市空间与建筑空间的界限变得模糊,建筑的功能与空间具有更多的城市属性。正如"TEAM 10"所言,在当代,"城市将越来越像一座巨大的建筑,而建筑本身也将越来越像一座城市"。[48]

建筑功能的城市化发展使建筑具有聚集规模效应,有利于使城市资源形成合力,从而形成高效益的复合性功能聚落。在莫斯科、圣彼得堡等主要城市,这些新建的城市化的建筑综合群构成"城中之城",不仅成为城市对外开放、吸引外来合作的阵地,增强城市活力;同时也成为城市形象的"标志",对所在区域的发展起到强有力的辐射作用，带动周边土地增值和区域的发展。在功能复合的建筑综合群中"建筑积极介入人城市环境系统，其职能要素正突破建筑自身功能体系的范畴而越来越多地接纳原本属于城市的职能。建筑空间真正成为城市公共空间系统中的有机组成部分。建筑与城市相互咬合、连接、渗透，使得两个环境层次之间的门槛日渐模糊。建筑功能与城市功能趋于统一，建筑与城市呈现一体化发展趋势。"[41]

5.4.2 形态审美的复杂化衍生

建筑形态是建筑本体系统的外化表现，一直以来备受人们的关注，作为建筑的本质要素，建筑形态是建筑创作追求创新和变革的原点。同社会主义时期的建筑创作相比，社会转型之后的当代俄罗斯建筑创作不仅日趋多样化，而且在建筑形态上也呈现出日趋复杂化的趋向。导致建筑形态复杂化趋向的因素很多，比如社会审美的转变、建筑技术进步的推动、先进建筑创作思潮的影响、新兴复杂科学的带动等。但是从系统观的角度来看，建筑形态不是孤立发展的，在建筑这个有机的系统中，建筑形态的发展趋向是伴随着建筑本体发展演变而产生的。从本质上说，是把建筑本体发展的复杂性转化成有意义的形式美学深度，从而在建筑形态层面清晰的表现出复杂化的特征。虽然在建筑系统发展的带动下转型时期的俄罗斯建筑形态复杂化的趋向才刚刚显露，大多数形态复杂化的建筑创作仍停留在方案阶段（图 5-15），建筑实例尚为数不多，但是这种复杂化的表现却显示出了坚定的趋向性。一方面，由于诸多交叉学科的融入，各种理论的引进，使建筑本体的发展融入了更多的挑战和不定性，当然也就蕴含了更多的复杂变化，这成为建筑形态复杂化趋向的根本。另一方面，由于建筑功能复合化的出现，单体建筑规模的日益扩张，群体建筑的错落起伏，使建筑在形态表达上拥有了更广阔的创造空间，为建筑形态的复杂化奠定了基础。

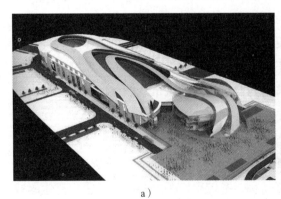 

a ）   b ）

图 5-15 复杂形态的建筑创作方案

a ）莫斯科商务中心 [49]   b ）海参崴 FESTU 建筑学院学生作品 [50]

转型时期的俄罗斯建筑形态的复杂化发展主要表现在三个方面：首先，建筑形态的复杂化表现为结构体系的尺度异规，建筑结构体系技术的发展与进步使建筑创作中大尺度、高难度、复杂化的形态表现成为现实，异化结构的实现更成为建筑形态复杂化表现的主要途径。其次，建筑形态的复杂化表现为表皮形态的千变万化，围护结构的技术发展和建筑材料的不断创新给建筑的外在形象增加了多样化和个性化"百变外衣"，从而为成为建筑形态复杂化的有效途径。最后建筑形态脱离传统的维度概念、突破传统的结构或表皮概念，在多维度空间形成复杂化的表现。

5.4.2.1　建筑结构的异规表现

结构是建筑存在的核心体系，通过力的平衡来实现建筑形态表达。随着科学技术的发展，建筑结构技术不断突破传统，为建筑形态带来复杂化发展的可能。随着信息时代的到来，建筑技术的传播范围扩展到全球范围，同时，转型时期的俄罗斯社会由于市场经济的带动而呈现出前所未有的开放，先进的结构形式和技术不断的传入当代俄罗斯建筑领域，引领了俄罗斯建筑创作的新发展。大跨度、超高度、高强度、多维度的建筑的结构形式为建筑形态创作提供了超越传统的可能性，而网壳结构、悬索结构、张拉结构、膜结构、空间网络结构等结构形式的出现为建筑形态的复杂化提供了更多的舞台空间，从而使建筑形态的发展相对于社会主义时期具有了前所未有的灵活性和复杂性，转型时期的俄罗斯建筑创作在建筑形态上产生了质的飞跃。

转型时期俄罗斯建筑创作在结构体系上突破传统的异规表现突出体现为两种方式：一种方式是在建筑结构形态方面的异规表现，结构体系突破传统的形体概念，呈现对异形结构的追求；另一种方式是在建筑结构尺度方面的异规表现，结构体系在技术的支撑下实现对超高、超大等超尺度建筑的表现。

创作实例 1：结构形态的异规表现——莫斯科四季体育中心

结构形态的异规表现不在于通过创造超高、超大等令人震撼的建筑结构来体现自身的价值，而是通过结构表情的不确定性和流动性颠覆传统建筑结构的稳定性和规则性，从而在自由的形态创造中建立整体性，使建筑具有神秘而随性的艺术表现力。在俄罗斯转型时期，对结构形态的异规表现是俄罗斯转型时期建筑创作的一种新范式，始终保持一种对未知形态进行推测的开放状态，并不断尝试以其独特的艺术表现力吸引大众关注。俄罗斯著名建筑师米哈伊尔·哈扎诺夫创作的莫斯科四季体育中心方案是俄罗斯转型时期建筑结构形态异规表现的典型代表。

莫斯科四季体育中心的方案创作突破传统的规律，基于对自然山体的憧憬同建筑功能的结合，形成依存于山体形态的、极具自由的建筑结构形态（图 5-16）。方案创作脱离的传统意义的屋顶与墙面的结构概念，以自由的曲面覆盖建筑功能，从而形成异于常态的不规则的锥形结构形态。形似山体的不规则的锥形体量包含了许多斜坡，这些斜坡创造了一个包含多种坡度的路线系统，并用以作为滑雪运动的轨道，从而形成了一个附带路径的建筑表皮结构，使建筑仿佛成为了带有滑雪坡道的山体。与此同时，建筑方案突破了传统设计中平面结构网格对功能空间的限制，将不同的功能编制在一起使其生长到每一个结构层次当中去，这使传统的空间等级变得模糊，空间元素之间的联系得到加强。结构形态的异规表现不仅使该建筑具有景观化的建筑形态表现，从而更好地融入自然环境，更为出色的是，该建筑通过对基本形式和基本功能的交互和推演抽象出体现原始创意的大尺度形象，并创造出令人惊异的复杂性建筑形态及空间体验。

a）b）

图 5-16　莫斯科四季体育中心设计方案[51]

a）建筑表现图　b）总平面图

在俄罗斯转型时期建筑创作的发展中，结构形态的异规表现趋势在一些大型和复杂的建筑设计中日益受到重视，将建筑形态还原为整体性受力的创作方式摒弃了那种将力的传递人为进行简单和线性的建构方法，在观念上转变了建筑形态的本质。结构异规使传统几何学变得丰富和生动起来，重新唤醒了建筑师对形式的艺术灵感，抛开传统意义的结构体系限制，追随一种整体的、创新的综合路径来寻找建筑功能的内部逻辑，从而在建筑结构形态上形成了对节奏、序列等传统结构形态的对抗，实现了建筑结构的冲突与形变的异规表现。

创作实例 2：结构尺度的异规表现——Xaveer De Geyter 创作的波罗的海明珠地标建筑方案

建筑结构尺度方面的异规通常表现在利用"巨型结构"创造超尺度空间，多数带有未来主义式的技术幻想。Xaveer De Geyter 为波罗的海明珠项目创作的地标建筑方案（图 5-17）是一个强调竖向功能布局的前卫设计，采用竖向发展的大尺度建筑容纳 3.5 万人规模社区的大部分公共职能，成为整个波罗的海明珠方案个性化的亮点。该建筑形体是由一组标准尺度的塔楼以特有的组织方式集聚在一起而形成的一个超高尺度的建筑联合体，这个巨型尺度的建筑集中容纳 10 种业态形式，并在平面上提供了更多的组合形式和面积指标，为各种商业项目提供了可能性，这是独立分布的塔楼所不能提供的。各塔楼的竖向错位不仅创造了丰富的平面组合形式，同时创造了建筑的空间趣味和错落有致的建筑形态。这种追求竖向发展的结构尺度的异规表现，使该建筑在高度上具有统领整个项目区域的绝对优势，并成为圣彼得堡沿海新区的标志性建筑，为城市边缘地带提供了鸟瞰圣彼得堡城市景观的可能。整个方案的创意打破了以平面布局为主的传统功能布局理念，创新性的对城市功能的竖向发展进行了的具有可行性的尝试，并表现出对结构尺度竖向异规发展的突破性尝试。

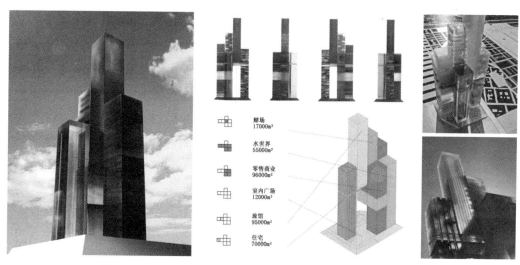

图 5-17　Xaveer De Geyter 创作的波罗的海明珠地标建筑方案

5.4.2.2　建筑表皮的复杂表现

如果说建筑结构体系技术是给建筑创作中建筑形态的大尺度、高难度提供了可能，那么建筑围护体系技术的发展则给建筑形态增加了多样化和个性化的可能。相对于结构体系而言，建筑表皮对建筑形态复杂化的表现更为灵活。现代建筑材料种类的多样化、性能的复合化、技术含量的科技化，使得建筑表皮的形式和形态日益丰富，这为建筑形态的创造提供了基础条件。

"边界不是意义停止的地方，而是意义开始的地方。"[52] 建筑表皮作为建筑外围护界面的物质系统，不仅是形成空间的基本物质条件，担负着围合成空间场所的基本功能；而且也是建筑内外空间环境进行物质、能量、信息等转承的介质。更为重要的是，随着建筑技术和材料的不断更新，表皮开始作为建筑形态的美学表现途径而倍受关注。当代建筑技术的不断发展改变了传统对建筑表皮及表皮空间的表达，表皮成为建筑重要组成部件之一，其立体化、多维化、多层化等发展趋势为传统建筑表皮的形态表现带来了一个重构的机会。同时，建筑内外环境的渗透与交流也增加了表皮的复杂性。利用表皮形式或肌理的凹凸和柔化创造丰富的视觉表达，表皮元素的多样化组合也丰富了建筑形态的表现，从而推动了建筑形态的复杂化发展。

在社会主义时期的苏联，由于结构及施工技术的原因，建筑表皮一直处于一个从属的地位，依附于空间、功能、体量而存在。随着俄罗斯进入转型时期，在建筑技术进步的推动下和信息的快速传播的推动下，国际先进的表皮理念传入俄罗斯并拓展了建筑形态的表现手段。表皮在建筑创作观念上的不断伸展，使其作为一种表现手段带给建筑创作更具独特性的建筑空间和形态。从复杂系统的角度去重新审视表皮，不难发现建筑表皮具有明显的二象性特征，对建筑形态的虚与实、简与繁、静与动的表现起到决定性作用。在先进建筑理念的影响下，转型时期的俄罗斯建筑在表皮体系中出现了复合化、生态化的发展趋向，这无疑引发了建筑形态上复杂的视觉感受性，进一步推动了建筑形态的复杂化表现，丰富了转型时期俄罗斯当代建筑创作的多元化表现。尽管在当代俄罗斯仍然有很多国际建筑师的优秀方案在建筑技术条件的制约下很难实现，或者在实施过程中被不断简化，但是这些创作无疑展示了转型时期俄罗斯建筑创作中建筑表皮的复杂化趋向。同时，作为建筑形态表现的重要因素，建筑表皮的复杂化趋向在俄罗斯转型时期的建筑舞台上展示了建筑形态的复杂化发展。

创作实例：表皮对建筑形态的复杂表现——2010世博会俄罗斯国家馆

2010世博会俄罗斯国家馆（图5-18）由俄罗斯建筑师伯纳斯科尼（BERNASKONI）创作，位于世博园区C片区，占地6000平方米，整个建筑由12个塔楼和"悬浮在空中"的立方体组成，是该届世博会最大的国家自建馆之一。

图5-18　2010世博会俄罗斯国家馆的复杂表皮表现[53]

俄罗斯国家馆的表皮设计是该建筑最有特色的部分。首先,充满俄罗斯民族特色元素的镂空雕刻图案以居住在俄罗斯地上的各式民族元素为基础,无论从展馆内外,都能清晰地看到以红、白为底色,充满俄罗斯民族特色元素的镂空雕刻图案。这不仅在建筑形态上展现出俄罗斯文化特色,从而使这个现代建筑充满民族感,同时利用表皮肌理的丰富变化打破了建筑形态的单调感,形成丰富的视觉感受,给建筑形态带来了复杂而有特色的肌理表现。其次,立方体的外部表皮装修被设计为可活动的元素,在有着巨大的"活动正面"的表皮上展现天空、高塔、绿色植物和人的活动,在白天建筑形态展现出一幅巨大的活动画面,而夜晚在专业灯光和屏幕的辅助下则带给人另一幅鲜活亮丽的惊人视觉效果。

5.4.3 建筑系统的智能化趋势

信息技术革命所带来的新型信息化时代使信息资源成为人类生存和社会进步的重要因素,信息与知识成为社会的主要财富,信息与知识流成为社会发展的主要动力。在信息化社会中,人们对于现代建筑的概念也在发生变化,传统建筑提供的服务已远远不能满足现代社会和工作环境等方面的要求。智能化作为信息社会的主要特征同样作用于建筑领域的发展过程之中,并成为建筑创作的发展趋向而倍受关注。

从系统观的角度来看,建筑是由不同的子系统构成的一个系统整体,各子系统都无法孤立的存在,各子系统之间存在相互作用的有序结构,这种相互作用的关联关系使建筑系统的存在具有整体性、关联性、层次性、动态性和自组织性,因而建筑系统的优劣取决于各子系统的完善性和其关联关系的协调性。随着建筑技术的不断发展,如何使建筑系统的完善和高效的运转成为在世界范围内倍受关注的研究课题,由此不难看出,智能化不仅适应了信息时代的需要,也成为建筑系统自身发展的深层机制。建筑系统的智能化不仅成为建筑系统高效性的实现手段,同时也成为建筑创作不断追求的创新目标。

建筑系统的智能化的发展充分体现了多种专业、多个学科在建筑创作中的结合,是现代通信技术、计算机技术、自动化控制技术、图形显示技术、大规模集成技术等先进技术应用于建筑系统并协同作用的直接成果。智能化的建筑系统不是将各功能子系统简单的叠加,而是各子系统的高效集成,同时还展现了建筑空间的无限可延展性,并由此带来对人类生活行为产生变革的无限可能性。从本质上说,建筑系统的智能化正是在当代社会多学科相互交叉融合所构成的崭新的整合力推动下产生的,是社会信息化和经济国际化的必然产物。

随着经济国际化的深入,信息技术在全球范围内的传播与发展同样影响了当代俄罗斯社会的发展,并在各个层面逐渐显现出信息化的痕迹。在这样的时代背景下,社会主义时期的建筑理念与模式已远远不能满足现代社会和工作环境等方面的要求，由此，在社会需求和技术进步的共同作用下，建筑系统的发展显现出智能化的萌芽。作为转型时期俄罗斯社会信息化和经济国际化的必然产物，建筑系统的智能化发展以投资合理、安全舒适、节能高效、灵活便利等诸多优势特点，契合了信息社会的发展需要，从而成为当代俄罗斯建筑创作发展的重要趋向。同时，由于俄罗斯是自然环境与人们自身的舒适度范畴存在较大的差异的地区，因此适应与调控环境一直是俄罗斯建筑发展的主要制约因素。建筑系统智能化的发展，使建筑创作可以有效地对自然气候做出反应。因此，建筑系统的智能化发展在自然环境相对恶劣的俄罗斯无疑又成为实现建筑系统高效性的有效手段。在社会主义时期，为满足对建筑的刚性需求，苏联在建筑创作中追求简单高效，对建筑舒适性、调控性等的关注淡漠。然而转型时期的俄罗斯在走出刚性需求的阴影后，显然增强了对建筑系统各个层面优越性的追求。建筑系统的智能化以建筑为平台，利用系统集成方法，将结构、系统、服务、运营及其相互联系全面综合，通过优化组合的方式使建筑各子系统达到最佳组合，从而获得的高效率、高功能与舒适性。正是在信息社会发展的影响下，在先进技术整合力的推动下，智能化成为转型时期俄罗斯建筑创作发展的最新趋向，也是最集中体现技术发展和水平的趋向。由于技术的不断发展，逐渐支撑建筑系统智能化的研究与实践，使这一趋向在自然环境相对恶劣的俄罗斯显得尤为重要。

近年来，转型时期的俄罗斯依托自身技术的不断发展和对国际先进技术的不断借鉴与学习，正在建造一批具有智能化倾向的现代化大型建筑，努力以现代化的形象展示建筑发展的新面貌。这些具有智能化倾向的、富于现代感的建筑项目多数位于莫斯科、圣彼得堡等大城市，项目积极引进外资和世界各国的设计者和建筑公司，方案创作不仅设想大胆、技术水平高超，而且在一定程度上采用了智能化的技术手段。例如，"水晶城"项目综合利用多项先进技术实现对温度的调控，从而在莫斯科室外气温低达零下30℃时，建筑内部仍将温暖如春。但是，不可否认的是，当代俄罗斯建筑系统的智能化发展刚刚起步，受到智能建筑技术水平的限制，还没有还没有真正意义的实现建筑系统的智能化。建筑系统的智能化仍局限于在为数不多的大型现代化建筑中应用某些先进的建筑技术，实现部分的智能化需求。因此，可以说建筑系统的智能化是转型时期的俄罗斯建筑创作正在不懈追求的发展趋向。

创作实例1：波罗的海明珠项目中的智能技术应用

"波罗的海明珠"项目是目前中国对俄罗斯最大的直接投资项目，也是当代俄罗斯建筑全球化发展进程中具有代表性的国际合作项目。为实现现代化、生态化、人性化、欧洲化的大型多功能综合社区的战略定位，打造一个前所未有的城市新中心，该项目十分注重对建筑智能化的尝试与实践。例如，在波罗的海明珠项目中使用现代化高科技技术和环保型建材并配有现代智能化设备，按人体建筑学充分考虑各功能区的使用效率。集成信息管理系统、综合布线系统、电子巡更系统、门禁管理系统、电子广告屏系统、机电设备监控系统……众多先进的技术、过硬的设备将波罗的海明珠的人文特征与居住功能高度统一。真正为现代生活提供轻松、安全与便利：小区内所有公共设施的现状都可以及时看到；用户的进出社区只需刷卡就能实现，既安全又快速；家门前来了朋友或陌生人，从自家的监视系统便能分别出来；进出停车场，轻轻刷卡就可使车库闸门便自动开启，这些都是在俄罗斯居住社区中未曾有过的技术体验。

在已经建成并投入使用的波罗的海明珠项目商务中心，我们不仅看到了对整个项目智能化技术节点的展示，更重要的是亲身感受到商务中心智能化设施。建筑中控系统采用了在该领域的领导品牌法国 VITY 中控系统，不仅实现了良好的稳定性、安全性和优越的可操作性，同时为以后系统的扩展和升级预留了空间。在遵循系统设计原则基础上，最大强度地将音视频系统，灯光系统，会议系统进行全面、自动化、智能化地控制体现，使之化繁为简，实现统一控制[54]。

创作实例 2：Lon Works 开放式系统在建筑系统智能化中的应用

1990 年 12 月，美国 Echelon 公司发表了 Lon Works 测控技术，它提供了一个开放性很强的、无专利权的低层通信网络—局部操作网络，简称 LON。经过这些年的发展，Lon Works 技术已经成为目前世界上应用最广、最有发展前途的现场总线技术之一。由于 Lon Works 控制网络技术具有高可靠性、开放性和低成本等特点被应用于智能建筑领域，由此产生了智能的 Lon Works 开放系统，用以实现建筑供暖、通风、空调和能源管理等系统的智能化。

俄罗斯铁路公司尝试性地在新总部项目中采用了 Lon Works 技术，用以实现建筑控制系统的智能化。Lon Works 技术能够在一套智能化楼宇管理系统中无缝集成由不同生产厂商制造的、采用通过 Lon Mark 认证的设备的关键楼宇管理子系统。由于状态消息不断从一种设备发送至另一种设备，从而触发执行器进行相应的调节，楼内可以始终保持最适宜的"气候"。此外，Lon Works 的多厂商支持特性还为楼宇系统的升级改造提供了极大的灵活性。这种灵活性使新建的总部大楼得以装备由全球领先的多家制造商提供的最先进的楼宇自控设备。在 Lon Works 网络上集成的主要子系统包括安防、暖通空调控制和门禁系统。为了方便用户操作，楼内所有房间都安装了用于暖通空调、窗帘和照明监控的多功能控制面板。安装在楼顶的 Lon Works 气象站能够将有关气温、风速、风向、降雨 / 降雪、日光的数据传送至楼宇管理系统。这些数据被用于自动控制主要楼层和所有会议室的窗帘位置，调节冷热系统。基于 Lon Works 的自动门始终通过楼宇管理系统进行监控。此外，在所有入口处，当自动门关闭时，将额外释放热气。这样就能节省大量能源，因为只有在需要时才额外输送暖气，继而又显著地降低了大楼的维护成本。将所有照明和风机控制器都通过 LonWorks 网络连接至楼宇管理系统，从而实现对照明系统的智能化控制，当房间里边没有人，照明设备和风机将自动关闭。该系统可接收来自门禁系统的数据以判断是否有人进入房间，然后再通过 LonWorks 网络发出命令，打开或关闭室内的照明系统。这种高度集成化系统架构和实时交互特性，使得俄罗斯铁路公司新建总部大楼的能耗总量降低了 25%[55]。

俄罗斯铁路公司新总部大楼是俄罗斯第一个较大规模应用 Lon Works 技术的建筑项目。正是由于采用了智能的 Lon Works 开放式系统，该建筑不仅能够节省大量能源，而且在保证能效的前提下提高了办公舒适性。同时，通过在楼宇自控系统中集成的消防系统保证楼宇的安全，降低设备维护成本，确保系统的灵活性和可扩展性。正如该项目的系统集成商 ARMO 集团所说的："只有 LonWorks 能够实现这种规模的项目所要求的灵活性、功能性和可靠性。"[56]

5.5 本章小结

本章在技术视阈下研究当代俄罗斯建筑创作的创新发展，分析技术进步对当代俄罗斯建筑创作发展的推动作用。在技术发展观、技术时代观、技术系统观的指导下，以技术思维转换、技术手段拓展、技术维度综合为研究基点，提出当代俄罗斯建筑创作在技术进步的推动下所产生的可持续发展、多维度创新以及复杂化发展的重要趋向。

首先，从技术发展观分析当代俄罗斯建筑创作的可持续趋向，研究在技术思维转换的引导下，当代俄罗斯建筑创作产生的节约能源、可持续发展、绿色生态的发展趋向，并通过对建筑创作实例的分析进一步阐释在建筑创作中的可持续尝试。

其次，从技术时代观研究当代俄罗斯建筑创作的多维度创新趋向，论述在数字技术和其他前沿技术的推动下，当代俄罗斯建筑创作呈现出的创新表现，并总结归纳了创新表现的建筑创作实例。

最后，从技术系统观研究当代俄罗斯建筑创作的复杂化趋向，论述在技术维度发展趋于综合化的影响下，当代建筑创作在功能内涵上趋于复合化、在形态审美上趋于复杂化、在建筑系统上趋于智能化的发展趋向。

本章注释

[1] 刘松茯.建筑中技术的"建设力"与"破坏力"[J].建筑学报，2001（3）：22～24.

[2] 斯蒂芬·贝斯特，道格拉斯·科尔纳著.后现代转向[M].陈刚等译.南京：南京大学

出版社，2002：14.

[3]　徐兴泽，龚惠平. 俄罗斯节能研究 [J]. 全球科技经济瞭望，2007（9）：51，52.

[4]　http：//news.xinhuanet.com/world/2010-03/27/c_124899.htm

[5]　http：//www.most.gov.cn/gnwkjdt/200907/t20090720_71840.htm

[6]　安岩. 从自然资源的视角解读俄罗斯的可持续发展问题 [J]. 俄罗斯中亚东欧市场，
　　　2006（1）：18~23.

[7]　朱涛. 信息消费时代的都市奇观——世纪之交的当代西方建筑思潮 [J]. 建筑学报，
　　　2000（10）：17，16.

[8]　布莱克等. 日本和俄罗斯的现代化 [M]. 北京：商务印书馆，1984：46.

[9]　冯绍雷，相蓝欣主编. 转型中的俄罗斯社会与文化 [M]. 上海：上海人民出版社，2005：
　　　1，438，326，268.

[10]　http：//www.crcmzl.com/Article/ShowArticle.asp? ArticleID=41

[11]　http：//epaper.tynews.com.cn/shtml/tyrb/20090928/311900.shtml

[12]　http：//baike.baidu.com/view/46267.htm?fr=ala0_1_1

[13]　黄夏东. 俄罗斯建筑节能成套技术开发与应用——赴俄罗斯考察报告 [J]. 能源与环
　　　境，2005（1）：36.

[14]　http：//www.chinagb.net/bbs/viewthread.php?tid=71923

[15]　http：//www.Itogi.ru

[16]　爱德华兹. 可持续性建筑 [M]. 周玉鹏等译. 北京：中国建筑工业出版社，2003：18.

[17]　巴特·高德霍恩，菲利浦 ·梅瑟著. 俄罗斯新建筑 [M]. 周艳娟译. 沈阳：辽宁科学
　　　技术出版社，2006：22，14，184，198，206，207，209，219，237，225，227，228，230，
　　　214，215，185-187，75-77，96，97，87，122-125，201-203，199，151，171，172.

[18]　http：//www.e-architect.co.uk/moscow/crystal_island_tower.htm

[19]　叶险明. 马克思的"时代观"与知识经济——对"知识经济"的一种时代观梳理 [J]. 马
　　　克思主义研究，2003（2）：32.

[20]　杨茂川. 论建筑的时代性兼我国建筑的发展趋势 [J]. 江南大学学报，2003（4）：106.

[21]　Greg Lynn. Animate Form[M]. Princeton Architectural Press，New Your. 1999：20.

[22]　郑泳，项秉仁. 关注数码时代建筑形态的发展 [J]. 时代建筑，2003（2）：112.

[23]　http：//tieba.baidu.com/f?kz=368637904?fr=image_tieba

[24]　http：//wenku.baidu.com/view/95273075a417866fb84a8e0f.html

[25]　http：//eu.youth.cn/tlgg/200609/t20060926_419574_9.htm

[26]　http：//www.e-architect.co.uk/moscow/city_palace_tower_moscow.htm

[27]　http：//www.huasainet.cn/News/shuhua/HHPM/2007/12/3/071231021112AEJ.html

[28] 张钦楠. 建筑的"非物质化"和"暂息化"[J]. 读书，2000（3）：133-139.

[29] http：//www.e-architect.co.uk/moscow/perm_museum_competition.htm

[30] 方振宁. 激变的超前建筑形态 [M]. 北京：知识产权出版社，2000：32.

[31] 蔡良娃，曾坚，曾鹏. 信息时代的建筑空间形态及其生成理论 [J]. 新建筑，2006（3）：76-80.

[32] http：//dengju.da100.com/detail4249

[33] http：//tech.sina.com.cn/d/2008-07-07/08402307415.shtml

[34] http：//zzrb.zynews.com/html/2007-08/14/content_290166.htm

[35] http：//www.4908.cn/html/2007-08/1853.html

[36] John Frazer. An Evolutionary Architecture. Architecture Association Publications，1995：28.

[37] 朱莹. 当代建筑创作的现代性趋向研究 [D]. 哈尔滨：哈尔滨工业大学博士学位论文. 2009：111，108.

[38] http：//www.e-architect.co.uk/russia/snow_russia_sochi.htm

[39] 赵榕. 从对象到场域——读斯坦·艾伦《场域状态》[J]. 建筑师，2005（2）：79-85.

[40] 高峰. 当代西方建筑形态数字化设计的方法与策略研究 [D]. 天津：天津大学博士学位论文. 2007：111.

[41] http：//www.e-architect.co.uk/russia/nizhny_novgorod_sports_complex.htm

[42] 译自 http：//www.e-architect.co.uk/russia/nizhny_novgorod_sports_complex. htm

[43] 赵建波. 基于生活观、科学观和教育观的研究型建筑设计思想 [D]. 天津：天津大学博士学位论文，2006：80，85，76.

[44] http：//www.e-architect.co.uk/moscow/perm_museum_acconci_entry.htm

[45] 译自 http：//www.e-architect.co.uk/moscow/perm_museum_acconci_entry.htm

[46] 李萍. 日本社会的共生伦理 [J]. 湘潭师范学院学报（社会科学版），2000（5）：29-35.

[47] 吴蕙. 设计结合城市——建筑综合体设计浅析 [D]. 昆明：昆明理工大学硕士学位论文，2002：34，37，38.

[48] Е.Г.Анима.Современныепроблемыпространстанственнойорганизациирос сийскогообщества[J]Изв.РГО，2000（6）：16.

[49] Annual Publication by the Moscow Branch of the International Academy of Architecture Year 2004-2006：74，11，63，149，62，150，66，68，101，81，150

[50] http：//pal-antvlad.narod2.ru/PROEKT_EKODOM_DV/solar-5_engl/

[51] Annual Publication by the Moscow Branch of the International Academy of Architecture Year 2003：80，85，104，71-73.

[52] 马丁·海德格尔. 演讲与论文集 [M]. 孙周兴译. 北京：生活·读书·新知三联书店，

2006：162.

[53]　http：//www.nipic.com/photo/zhuanti/672897.html

[54]　http：//www.infoavchina.com/html/MEETING/2007-9/25/10_54_36_536.html

[55]　http：//www.smartcn.cn/smart/hwsy/150805850.asp

[56]　http：//www.gongkong.com/webpage/solutions/201003/2010030410333400001. htm

结　论

任何一个国家都有自己独特的历史变迁轨迹以及随之而形成的发展模式，对于当代俄罗斯而言，始于 1991 年的社会转型是其当代社会发展特殊的变迁模式，在社会转型的影响下，当代俄罗斯建筑创作的发展经历了重大的变革。首先，社会转型的发展与变迁促使与之相关的文化艺术发展的转型变化，进而推动与之相适应的崭新的建筑创作发展。其次，随着 21 世纪全球化的自由竞争和全球化的市场，先进的技术手段、先锋的艺术倾向纷纷进入俄罗斯，并快速的发展、融合、再生，给俄罗斯建筑创作的发展带来了巨大的冲击和改变。最后，近年来俄罗斯经济的复苏与发展带动了建筑业的勃兴，使俄罗斯建筑市场成为当今世界颇受关注的发展地区之一。本书正是从当代这一时间背景着手，深入挖掘社会转型对俄罗斯建筑创作发展的深层影响及对建筑创作各个层面的作用机制。

首先，本书尝试客观地总结了当代俄罗斯建筑创作的发展历程，通过对社会转型前后建筑创作的发展变迁以及制约建筑创作发展的主要问题的总结，剖析当代俄罗斯建筑创作的更新与拓展，为当前我国对俄罗斯建筑创作的研究与实践提供有效的借鉴。

其次，通过对社会因素作用机制的深入分析，研究俄罗斯独特的社会转型对建筑创作的影响与关联。将社会转型归纳为体制转型、经济转轨、心理转向三个方面，并在此基础上全面剖析社会因素对当代建筑创作现状与发展的影响。

再次，从文化视阈展开研究，深入剖析当代俄罗斯建筑创作的文化体现。以世界建筑文化的发展为借鉴，以文化传统观、文化地域观、文化趋同观为研究基点，总结出当代俄罗斯建筑创作的发展主流及多元化的发展特征。

最后，从技术视阈展开研究，并将技术因素分解为技术思维、技术手段、技术系统三个层面，深入分析技术因素在当代俄罗斯建筑创作中所表现出的对建筑创新发展的推动作用，结合建筑发展的新趋势评价剖析当代俄罗斯建筑创作发展的本质。

纵观全文，本书研究具有如下特点。第一，选取"当代"作为研究俄罗斯建筑创作的时间阈限，同时强调了社会转型为建筑创作发展带来的变化性与独特性，突破了单纯从时间阶段进行建筑创作研究的局限；第二，通过建筑实例支撑理论研究，客观地呈现当代俄罗斯建筑创作的现状和发展趋向，突出了这一时期俄罗斯建筑创作发展所特有的多样性与超常性；第三，采用全球化视角对当代俄罗斯建筑创作进行研究，在研究中关注全球建筑发展主流的引导与影响，避免在特定的俄罗斯文化体系内进行孤立研究的片面性。

本书创新性研究主要体现在以下四点：

（1）首次对当代俄罗斯建筑创作进行系统研究。本书将社会变革、文化及技术发展纳入到传统层面的建筑发展研究范畴，首次系统性地建立起针对1991—2010年这一时期俄罗斯建筑创作发展的研究框架。

（2）解析社会转型的独特性同当代俄罗斯建筑创作之间的关联机制，明确总结俄罗斯建筑创作发展的激变性特征。本书通过对当代俄罗斯建筑创作所呈现的复杂表象的分析与总结，揭示了建筑创作在经历了社会转型初期的衰落之后，其发展在社会转型中后期呈现出与社会转型相适应的激变性特征。

（3）从文化视阈提出了当代俄罗斯建筑创作发展的多元性特征。本书从传统观、地域观、趋同观三个视角分析当代俄罗斯建筑创作呈现出的多元文化关联，从而界定当代俄罗斯建筑创作的多元性特征。

（4）提出技术发展是当代俄罗斯建筑创作创新发展的源动力。本书通过对当代俄罗斯建筑创作发展趋势的分析，获得对建筑创作发展演变深层动因的具体认知，从而总结建筑创作在技术推动下的创新性特征。

研究以当代俄罗斯特殊的社会条件为背景，对建筑创作的发展作出系统的并具有一定前瞻性的研究，其涉及的内容极其庞杂。而俄罗斯当代社会仍在持续发展，其建筑创作的发展伴随着社会发展仍将不断变化，这就决定了针对这一课题的研究必然要保持与时俱进的特征和未完待续的状态。本书仅立足于1991—2010年这一阶段的俄罗斯进行了探索性的研究，并理性地建构了俄罗斯这一时期建筑创作发展体系的结构性框架，为研究和总结当代俄罗斯建筑创作的经验提供参照，以期引起有关方面和同行的更多关注，推进对当代俄罗斯建筑创作研究工作的发展。

后 记

从博士论文的写作到整理书稿出版的过程,历时颇久,如今书稿终于将要付梓出版,心中有了几分释然。为了此次出版,笔者对博士论文进行了重新地斟酌与梳理,对研究成果进行了局部调整与完善。首先,进一步完善了研究的时间跨度,力求呈现出当代俄罗斯建筑创作二十来的发展情况,使专著具有更加完整的学术价值;其次,删减了研究方法、研究框架等论文格式需求的内容,以及大量枯燥的资料综述内容,强化对建筑实例的归纳与分析,总结出当代俄罗斯建筑创作中的主流发展趋向,同时使本专著具有良好的可读性。回顾潜心写作、修改、校对的时光,思绪万千,有太多值得感念的关心和帮助不断浮现在脑海中。在本书稿最终完成之际,谨向他们表达我由衷的感激。

首先要感谢我的博士导师梅洪元教授,成为您的学生是我莫大的荣幸。先生敏锐的分析能力和积极的人生态度对我产生了潜移默化的影响。对于我而言,您的训责与鼓励将使我受益终生,您给予我的不仅是学业上的指导,更重要的是您培养了我治学为人的素质和解决问题的能力,让我在未来的职业生涯中不断进取。本书的选题、目录、行文的各个环节无不凝聚了先生的指导,在专著即将出版之际,衷心地向梅先生致以深深的谢意。

感谢哈尔滨工业大学建筑学院的先生们:张姗姗教授、邹广天教授、徐苏宁教授、刘大平教授、李玲玲教授、李桂文教授、金虹教授、程文教授、邵龙教授,诸位先生在开题及论文预答辩过程中给予我许多中肯的建议,正是这些建议伴随论文的顺利写作。特别是刘大平教授在我攻读硕士、博士期间一直关注我的成长,在博士论文写作期间不仅给予我许多宝贵建议,还帮助我取得不少一手资料。正是在诸位先生们的指导、鼓励与帮助下,我的论文写作才得以顺利完成。

感谢哈工大建筑设计研究院副院长乔世军先生在我赴俄调研期间给予的全力支持,并与我共同探讨对俄罗斯波罗的海明珠项目的研究。感谢哈工大建筑设计研究院俄罗斯分院的全体人员在我赴俄调研期间给予的照顾和帮助;正是这些帮助使论文研究能够基于顺利的实地考察与访问,并为论文研究提供了大量相关的外文资料。

感谢师兄付本臣、师姐陈剑飞在论文写作中给予的指导;感谢共同在博士孵化器奋战的费腾、马维娜、李翔宇、俞天琦同学,与你们的相互交流和勉励启发了论文的写作；感谢创研院全体人员的支持与帮助；感谢侯昌印、王艺萌、阚斌在博士答辩中提供的支持与帮助。感谢好友苏华、陈莉，你们在生活中对我无私的关心与帮助使我时刻感受到友情的支持，正是这些关心与支持，使我勇于面对困难，不断前行。

感谢中国建筑工业出版社徐冉编辑和张明编辑对书稿提出的可贵建议，正是你们直率热情的工作态度和严谨求实的工作作风使得本书能够顺利出版。

最后，感谢我的父母为我的成长所付出的艰辛，我的每一点进步都是他们辛勤培育、无私关怀的成果，他们的鼓励与关心一直是我前进的基石与动力。感谢我所有亲爱的家人，无论何时何地，亲情都是我最大的财富。同时，感谢我的爱人孙光辉先生，在本书的修改和出版过程中，给予我无私的支持和无限的理解，正是这些至爱的阳光使我努力向上，不敢懈怠。

谢略

2017 年 7 月